中国乡村建设系列丛书

把农村建设得更像农村

丁李湾村

宋微建　著

U0222549

江苏凤凰科学技术出版社

序

　　丁李湾村项目是北京市延庆区绿十字生态文化传播中心（以下简称"绿十字"）在郝堂村项目完工之后于2013至2014年承接的第二个信阳市项目。"绿十字"作为一个公益性组织，在信阳市平桥区王继军书记、时任新县县长吕旅的特别邀请下接下了这个项目。

　　这个项目应该怎么做？新县既是贫困山区又是革命老区。如何帮助革命老区开发全域性红色旅游产业？如何获取足够的资金支持？我们希望通过此项目在中国乡村建设领域拉起一支大军。因此，我们努力寻找突破口，力求建设一支秉承公益精神且擅长市场经营的乡建队伍，从精神文明的层面汲取能量。

　　当时，郝堂村项目引起了强烈的社会反响，邀请我们承接项目的投资商特别多。我们深知需要组建一支具有公益和奉献精神的团队，这也是承接丁李湾村项目的原因。正巧新县项目诞生了，我、孙晓阳、梁军和孙桂建牵头，将规划设计的主题设定为"英雄梦·新县梦"，满满的正能量，并且在全国范围内掀起一股公益性乡建项目的浪潮。

　　丁李湾村既是传统村落又是古村落，因此村落的保护和修复极其困难，社会争议也很大。如何保护并激活古村落？我们一直在这方面积极实践。新县全域项目当时分为红、黄、绿三条线。红，是指红色旅游；黄，是指古城保护；绿，是指生态建设。我们先后召集了近500名设计师（分属40至50个设计团队），耗时3年之久。因为丁李湾村的村制、遗址比较完整，村庄历史悠久，村脉清晰，所以丁李湾村项目是所有"英雄梦·新县梦"项目及古村落保护的关键点之一。于是，我们派遣团队中设计业务位列中国一线的上海农道乡村规划设计有限公司（以下简称"上海农道"）来实施此项目。

"上海农道"的宋微建老师全权负责丁李湾村项目。宋老师在2008年"5·12"汶川大地震中有过村庄重建的经历，并且给我留下了深刻的印象。"上海农道"对项目的定位、空间、商业价值、室内外设计等方面进行了详细的分析，力求在项目实施过程中做到以下几点：第一，新旧有别；第二，由内而外激活古村落（比如邀请本村的乡贤人士加盟项目建设）。在项目推进过程中，经常遭遇40 ℃高温的恶劣天气，仅测绘这一项工作就进行了十几天。在设计团队的努力下，整个项目在如此艰难的条件下不断推进，其规划和设计堪称目前传统村落和古村落重建领域的典范之一。

　　我们早在计划编写这套丛书时便把丁李湾村项目作为古村落保护的经典案例列入其中。总体看来，丁李湾村项目在规划和设计方面做得非常优秀。在规划完成伊始，评审会上所有人为之振奋。评委们惊奇地发现，丁李湾村表面看起来几乎没有大的变动，但深入挖掘，竟呈现出多方面的改变和调整。这就是古村落保护的本质——在保留村庄真实面貌的同时兼顾修复性改造。因此，丁李湾村项目为未来的古村落保护和传统村落改造提供了重要的思路、理念和方法。

孙君

　　孙君："绿十字"发起人、总顾问，画家，中国乡村建设领军人物，坚持"把农村建设得更像农村"的理念。其乡村建设代表项目包括河南省信阳市郝堂村、湖北省广水市桃源村、四川省雅安市戴维村、湖南省怀化市高椅村等。

目 录

1　激活古村

1.1　初识乡村

项目名称：丁李湾古村落保护与发展规划设计项目

项目性质：古村落保护

用地面积：古村落约 6000 平方米，古民居约 1600 平方米

项目位置：河南省信阳市新县八里畈镇西北部神留桥村境内

居住人口：135 户，589 人

项目时间：2013 年 8 月至今

总体定位：打造豫南最美古村落

1.1.1　地理区位

　　丁李湾村位于河南省信阳市新县八里畈镇西北部神留桥村境内，地处泼河水库上游，西北与光山县泼河镇毗邻，东南连通八里畈集镇，距离 3 千米。"村村通"水泥公路直达该湾，交通便利，地势平坦，属丘陵地带。该湾分为丁李湾村一、丁李湾村二两个村民组，现有 135 户，589 人。

丁李湾村地理位置

1.1.2 历史渊源

据李氏家谱、碑文记载，丁李湾村始于元末明初，距今约有700年的历史，相传因李姓无嗣，抱养丁姓外甥，其后人居住此地，即得名"丁李湾村"。

丁李湾村始于元末明初，到清朝初期已非常繁荣，清朝乾隆年间最为兴盛，当时田地众多，房屋10多排，600多间，每排3套，每套正堂3间，厅房（客厅）、倒厅、左厢房、右厢房融为一体，共一门楼，整体结构长700余米，宽50米，有"李氏庄园"之称。清朝道光年间，丁李湾村远近闻名，规模宏大，人气更旺，名人辈出，比如李维屏，官任道光年间四川龙安知府，当时丁李湾村达到巅峰，"李氏庄园"的规模空前宏大，庄园内建筑壮观，每套门楼周围刻有"兽"守护的门碑，室内正堂四角装饰银铃，素有"雕梁画栋"之壮举，特别是李维屏家的门楼呈"八"字形，富含独特的官仕寓意。庄园四周城墙环绕，最长达10多米，东南西北设四道大门，城门有城楼，楼内有枪炮护卫，建有保安队，保安员近100人，枪械100余支。人口总共800多人，庄园内集中居住600多人。赫赫有名的丁李湾村直至民国时期仍享有"新集城一圈，不如丁李湾一湾"的美誉。

2002至2003年，河南省广泛搜集民间名胜古迹，挖掘民间旅游资源，丁李湾村因其丰厚的文化底蕴，2003年被河南省定为"民俗民居村"。

1.1.3 人才辈出

丁李湾村名人众多。据李氏家谱记载，知县（处级以上）近20人，太学生等文人近100人，举人、秀才更多，截至目前已有记载的名人数位，例如：

李维屏：清朝乾隆年间人，字维屏，号树人，时任四川龙安知府，是丁李湾村最荣宗耀祖之人，"李氏庄园"因此人达到巅峰，死后墓葬于丁李湾村，后被泼河水库淹没。

李志闻：民国年间人，在丁李湾村有"文化之人"之称，其知识文化是李姓人的楷模，中华人民共和国成立后任河北大学校长、教授。

1.1.4 古村落建筑

丁李湾古村落的建筑大多建于明清时期，依自然山势，以围墙为界，由围墙、里巷、祠堂、民居、古井、池塘、古木等组成极具特色的古村落文化景观。三面环山，一面临水。整个村落被约1米厚的石墙环绕，设东、南、西、北四道门，修建门楼，设有多孔瞭望口和枪炮眼，有家丁值守，具有防匪防盗的功能。村落内的5条弄巷将民居分隔开来，便于村民生产、生活，如发生特殊情况时以便于疏散。村民家宅的建筑多是一门三进式，即一个大门楼进去，内造堂屋、客厅、倒厅。外加东西厢房，两个天井院。材料为砖木结构，青石做门砧、门框，青砖加土坯做墙，有大量精美的木雕、石雕、陶制构件及彩绘等。丁李湾村有两支李姓，俗称"上七家""下八家"。2003年，丁李湾村被河南省定为"民俗民居村"。丁李湾村古建筑痕迹随处可见，有一个"八"字门楼和十多个"兽"守护的门楼，成套建筑轮廓部分保留。

丁李湾古村落建筑实景

丁李湾村现存的代表性古建筑如下所述：

1）绣楼

绣楼位于丁李湾村东北部，地理位置高，是丁李湾村唯一一座两层建筑，处在北风口，原作用是挡北风，后逐步被村民改作民居。绣楼分两层：下层为文化娱乐场所，男士在这里敲打锣鼓、说大鼓书、吹唢呐等。上层为妇女绣花、刺绣等活动场所。下层与上层是隔绝的，下层由楼门进入，上层由厅房楼梯进入。从前，妇女特别是姑娘足不出户，只能在绣花楼上的窗口观看一些"玩灯唱戏"的演出。在绣花楼下，有一个大约200平方米的小型广场，是东门戏楼，经常上演地方花鼓戏以及旱船、龙灯等节目，是整个村落最热闹的地方。

2）上弄子门楼

上弄子是丁李湾村最早的建筑，大多建于明末清初，李氏先祖李纯、李粹都出生于此，丁李湾村"纯粹"两门之说就源于此。后来，由于人口逐渐增多，纯公支下人丁兴旺，遂向外搬迁，所遗房地产由粹公支下逐渐并购，慢慢置于粹公门下。于是，粹祖支下的孙辈七兄弟裕滋、福滋、永滋、务滋、保滋、庆滋、德滋以上弄子为中心修建房子，这就是"上七家"的由来。

上弄子为一门十三进，十三进房子，十三个天中院的建筑，横竖有序，排水设施完善。前门为总门、石门方子、石门坎，木门板厚约7厘米有余，用横二竖三的五根木杠栓门，门楼设有瞭望口和枪炮眼，有防匪防盗的功能。弄子内横竖建造五家门楼，错落有致，既自成一家又互联互通。弄子内的人行路下边砌有约1米深的下水道，里边放养甲板龟，具有疏通淤泥、清理杂物的作用。

3）下弄子门楼

巷子、胡同在丁李湾村俗称为弄子，可作为人行通道和消防隔离通道。下弄子原为五户，是"下八家"中五个兄弟之住所。为了防匪防盗，除了各户自家的大门，还在弄子口修建进出的总大门。门板厚约7厘米，栓门用树杠子，横着两根，竖着三根，另设瞭望口、枪炮眼，具有很强的防匪防盗功能。

据记载，"下八家"的房屋为人称"许三爷"的创业成功人士捐资修建。"许三爷"是丁李湾村的一位传奇人物。相传在他出生的第三天，突然飞来一批银子，落在厅房楼上，将棚楼杆压得"吱吱"响，银子不计其数，遂为他起名"飞银"。飞银长大后，经商有道，治家有方，家业兴盛，富甲一方。

4）斜门楼

此房原是李府"下八家"之三太爷李应哲的房子。李应哲，太学生经历，山东赈捐局议叙布政司理问，奖敕六品顶戴。

5）中弄子

中弄子为李府"下八家"之五太爷李应融的住宅。李应融，号亦侗，字禧，候选布政司理问。

1947年刘邓大军南下，某部二团三营第一连曾在此驻扎，还驻扎有部队医院等，接治红军伤病员十余人。此弄子也为"上七下八"的分界处。

以上是"上七家"的地盘。

6）八字门楼

八字门楼是清同治年间，四川龙安知府李维屏的故居。李维屏是个大孝子，临赴任前，父亲教导说："汝做官不要（为）钱，即为吾之孝子也！"。李维屏上任后，严守父教，两袖清风，深受上司和百姓的称赞。在任三年因父丧而辞官守孝，终未出。

绣楼   八字门楼

1.2　总体定位

总体定位：打造豫南最美古村落。

乡村古村落是中国农耕文化形成的具有独特文化背景和建筑特征的人类聚居地。丁李湾村传统古村落具有鲜明的豫南地域特色，已被纳入中国传统村落保护名录，村落保护的重要性显而易见。由于丁李湾村的传统建筑损毁严重，村落格局破坏较大，农村经济日益衰落，整个村落村民的生存状态极差。因此，丁李湾村的保护工作尤为紧迫。

目标：

（1）恢复并优化原自然生态系统，保持并逐步恢复原古村落的平面格局。

（2）保护丁李湾古村落的农耕文化特征，调整种植、养殖计划，恢复生产力。

（3）在恢复并保持原古村落风貌的前提下修缮原古建筑危房，整改部分与古村落风格相差较大的新建农宅，改善村民的居住条件，提高居住舒适度和房屋安全系数。

（4）新建并完善公共设施，提高村民的生活质量，改善村落的卫生状况，美化古村落景观。

（5）适当引入乡村旅游。提升古村落的经济活力，恢复古村落生命力。

到乡下去，是一种精神回归；到古村落去，是一种寓教于乐的生活态度。住在乡间，玩在乡间，探寻村落的奥秘，追求别样生活的刺激，使整个人放松身心。虽然"下乡"的主题不同，但都体现了一种积极向上的生活态度。乡村生活给予人们的最大快乐是时间完全由自己掌控、安排，少有物质诱惑和无穷无尽的欲望，却有了更多的自由、更多的时间和更好的心情欣赏身边的风景。

丁李湾古村落全景

丁李湾古村落实景

1.3 筹备过程

1.3.1 农民意愿

1）筹建过程

随着美丽乡村建设在全国范围内的顺利推进，改变农村环境、改善农村面貌、发展产业的群众呼声愈来愈强烈。

"英雄梦·新县梦"启动后，神留桥村丁李湾村作为古村落的代表入选"一城三线"规划，"上海农道"为整个村落进行规划设计，"绿十字"公益人士多次来到这里，宣讲垃圾分类及处理知识，不少村民自觉行动起来，维护环境卫生，丁李湾村的卫生状况得到改善。

专家们初步制订的设计方案邀请丁李湾村群众评审，村民激情高涨，共同行动，互相监督，自我管理。

丁李湾村返乡商人组织、带领丁李湾村群众80余人再次到郝堂村交流学习，重点了解古民居修复的成功经验，村民对古建筑的修复、改造工程信心十足。

返乡商人根据设计方案，通过与镇政府、神留桥村两委沟通，建议在丁李湾村组建股份合作组织，以便协调、管理美丽乡村建设中的群众问题。镇相关部门安排领导班子、神留桥村两委负责组织工作，由丁李湾村4名群众发起，共同筹备合作社的成立事宜。神留桥村丁李湾村文化经济股份合作社成立在即。

2）合作社的运营模式

股份合作：一方面，丁李湾村农户将承包的土地进行资产评估，成为股金，以原始股份形式存入合作社，交由合作社统一经营、管理；另一方面，丁李湾村在外创业、工作、无土地的人员以现金入社的方式参加合作组织。同时，吸引其他社会力量和社会资金作为发展股份，加入合作组织，合作社营利后，分别以不同比例参与股金分红。

3）合作社的积极意义

（1）解决基础设施建设中的土地纠纷问题。将个人土地统管、群众土地纠纷交由合作社解决，化解因基础设施建设占用土地而出现的群众纠纷。

（2）解决土地综合利用问题。合作社将土地统一经营，综合利用，收益分红，解决土地撂荒的问题，转移农村富余劳动力，让群众获得土地收益、务工收益和生产收益。

（3）解决群众生产发展的资金难题。社会力量注入的资金，合作社群众优先利用，自由选择开发项目。

（4）解决社会发展中的不平衡问题。合作社是个群众利益共同体，合作社成员共同发展、共同致富，群众享有平等的权利、义务，互帮互助，互惠互利。

（5）解决古民居标准化修复问题。古民居的规划设计由"上海农道"专家组统一负责，丁李湾村所有古民居修复统一规划、统一设计、统一管理，合作社统一协调。

（6）解决群众的管理难题。合作社自主经营，自我管理，群众是主人，合作社是个大家庭，群众是家庭成员，自己人管自己人，自己人做自己的事。

4）成立合作社的步骤

首先，召开群众大会，由丁李湾村群众推选筹备组中的群众代表，具体负责合作社的筹备、发布倡议书、核实土地面积、丁李湾村农业人口和在外人口、入社意愿等；然后，将统计结果张榜公布；自由组合，每20人以上选出1名社员代表，成立社员代表大会，经社员代表大会讨论，制定合作社章程，将章程张榜公布，无异议后，召开社员代表大会，成立合作社理事会、监事会组织。最后，进行申报、注册。

5）合作社目前的筹建情况

经过紧张的动员、筹备，已统计群众入社田地面积约25公顷，山场约207公顷，入社社员225户，833人。群众民主推选社员代表35人。2013年12月15日召开第一次社员代表大会，成立组织机构，具体负责合作社的运营和管理。

合作社章程已修订，开展入社协议书、会员证、股金证等基础性工作，2014年1月27日召开第一次章程修订群众评审会，合作社对群众提出的意见进行修正、补充。

2017年以来，合作社配合县乡旅游规划设计，完成丁李湾村20公顷安徽贡菊栽植，群众人均年收益660元；配合完成丁李湾古村落保护17项基础设施建设任务；引进20公顷中华猕猴桃种植项目；引导群众开展环境治理，培养良好的生活卫生习惯；组织 11 户思想解放的群众开展民居整修，开发 3 户农家菜试营点、3 户民宿试营点、两户手工业制品试营点。

1.3.2 政府意愿

1）规划与设计建议

（1）以"红色文化为龙头，将红色（英雄）旅游与生态（含古村落、民俗）旅游相结合"为原则，以"县城—田铺""县城—郭家河""县城—八里畈""一城三线"为主要范围，制订新县旅游详细规划。

（2）以 3 年为初定时限，坚持每年 1 亿元人民币的项目投资力度，制订"一城三线"具体项目的实施规划。

（3）邀请来自各地的专家与企业家长期指导新县建设，监管规划项目的具体实施情况。

（4）策划与上述相关的文化活动，并且指导、监管该类活动的实施。

（5）政府设立综合性项目服务中心，全力为专家做好服务与后勤保障，让专家与企业家宾至如归。

2）活动内容

"英雄梦·新县梦"规划设计公益行由中国扶贫基金会，中国古村落保护与发展专业委员会，"绿十字"和新县县委、县政府共同发起，凝聚来自国内外各领域专家的智慧，以弘扬红色历史、推进生态建设、挖掘地域文化为抓手，以城镇规划、产业发展、乡村建设、垃圾分类、资源再生、土壤修复、古村保护、文明宣导、禁白禁塑、健康教育为切入点，以各方专家全程免费服务、新县动员全民参与为主要组织形式，整合各种优势资源，外修生态，内修人文，通过 3 年左右的时间，打造一条以县城—田铺、县城—郭家河、县城—八里畈为主体的"一城三线"精品旅游线路，并且以点带线、以线带面，向全县辐射。活动的实施必将全方位提升新县的文明程度，让新县"红色更红、绿色更绿"，推动革命老区、贫困地区的经济发展和传统村落的保护，将城镇建设得更有品位，力争在全国老区县中率先建成全面小康社会。

活动主要内容包括："英雄梦·新县梦"规划设计公益行启动仪式，中国红色旅游与古村落保护论坛，环境保护与城乡建设论坛，专家考察调研，干部培训，新县革命英雄亲属访谈。

3）媒体反馈

2013 年 8 月 1 日，经多方筹备，"英雄梦·新县梦"规划设计公益行活动在河南新县启动。此次活动由中国扶贫基金会、中国古村落保护与发展专业委员会，"绿十字"和新县县委、县政府共同举办，100 位国内外专家参会。

"英雄梦·新县梦"规划设计公益行主要分为专家考察、启动仪式及专家论坛三部分。

在上午举行的启动仪式上，新县县委书记杨明忠致欢迎词，信阳市副市长张富治代表信阳市委、市政府发言，"绿十字"创始人孙君和中国扶贫基金会秘书长刘文奎代表主办单位致辞，英雄家属代表发言。

新县县委书记杨明忠在致辞中说，新县是一片红色土地，更是一座让世人敬仰的英雄之城，这里走出了许世友、李德生、郑维山等将军和 50 多位省部级领导干部，留下了刘伯承、邓小平、徐向前、李先念等老一辈无产阶级革命家的战斗足迹。在那个烽火连天的岁月，人口不足 10 万的新县，有 55 000 多名优秀儿女为革命献出宝贵的生命。今天，我们不再默默地铭记历史，而要让历史发声。以厚重的革命史为依托，高唱红色旋律，以成立大别山干部教育学院为契机，让一处处红色景区景点和革命旧址遗迹、纪念地焕发新的活力，以"英雄梦·新县梦"规划设计公益行为新的起点，让代代相传的英雄梦在这片红色的土壤中落地生根，涅槃出一颗传承着英雄精神，力求在革命故里建得结下美好、璀璨的果实，并且为它冠以一个朴实而动人的名字——"新县梦"。

1.3.3 设计师意愿

丁李湾古村落有着悠久的历史，建筑群落大多建于明清时期，三面环山，一面临水，拥有极佳的自然资源和极高的历史价值。但这里的经济发展比较落后，经济价值未得到很好的利用与体现。

近年来，中国"空心村"的数量逐渐增多，年轻的进城务工人员背井离乡，农村、农田逐渐荒废，丁李湾村同样面临这样的问题。生态环境遭到破坏，水系、道路、垃圾处理系统不健全。老建筑常年失修，需要修复，新建筑与古村落风貌不符，需要整改。村民生存条件差，收入低，劳动力缺乏，经济落后。

古村落保护不仅仅是对建筑加以保护，环境治理的任务更加艰巨。由此，设计团队提出，应当首先解决生态、水源和污水排放等问题。针对水源问题，搭建一些堰塘，进行雨水采集，天然的水资源经过处理，可以正常使用。针对水的处理，采用自然的方式，使粪便和水质分隔开来。水经过处理，划分为几类，有的引至水田，污水可作为养料；然后汇入池塘，鱼类吸收剩余养分。经过几轮自然的净化过程，水最后回归河流。生态环境和基础设施是村庄建设和发展最基本的要素，如果水和垃圾处理做不好，所谓新农村建设和乡村重建都是昙花一现，不会长久。

丁李湾村古建筑的修复手法包括两个方面：修旧如旧，破坏不大的地方，进行修缮维护；破坏严重的地方，予以新建，也就是新旧有别。采用文物修缮的方法，新房子和残墙没有关系，新建房屋是新的，残墙保留原貌。

采用此种修复手法，旨在呈现面貌完整的丁李湾村，同时确保基础设施和生态系统井然有序。只有通过完善的保护和合理的利用，古村落才能吸引无数游客的目光，自身的经济价值也体现出来，必将再次彰显出原本的魅力。

设计师沟通方案

资源分类行动

设计师前期调研

设计师前期测绘

2 丁李湾村今与昔

2.1 改造前的丁李湾村

植被：品种单调，经济价值及观赏价值不高。

水系：水源不足；水质部分污染；池塘淤塞；地表水无法利用。

古村落风貌：明清古建筑群的立面较为完整。村落总体格局保存较好，道路走向基本维持原样，村内部分老建筑基本框架尚存，原有建筑风格清晰。然而，完整性较差，存在较大的安全隐患。

重点景观建筑："绣楼"建筑基本保存。古城墙、城门已破坏，东门和城墙部分墙基能找到。

丁李湾村内建筑

村内道路与排水：路面为自然型毛料块石，曲折、狭窄堵塞，地面崎岖不平。原排水渠道为沿墙顺道乱石砌筑，已塌落、堵塞。

建筑：老建筑用杂树弯木建成，墙体为土坯外包青砖，屋顶为冷摊小青瓦。建筑布局较乱，建筑无序插建，形式简陋，样式繁杂，色彩不协调，工艺粗糙。部分新建房屋风格与村落整体风格极不协调。

烧饭：基本采用土灶烧草，土灶构造简陋，烟道反烟蹿火，对室内空气及环境卫生破坏极大，火灾隐患极大。

卫生设施：厕所、粪便处理等设施严重缺乏，多用简易便桶，卫生条件差；鸡鸭在家放养，粪便随处可见。

垃圾：垃圾处理等设施严重缺乏。

2.1.1　原状情况总结

村落饮用水源靠部分家庭小井和联户小井供水，水量较小且无法满足全村供水需求，大部分无井村民只能远途肩挑手提，爬坡打水，用水十分困难且不方便。现有村前水塘水质恶化，外观发绿、腥臭，按我国水质分类应为劣V类水质，村民在此洗菜洗衣，存在严重的卫生隐患。

2.1.2　生态与基础设施

村落粪便、垃圾随处乱倒，全村仅有一个公共旱厕，其余村民自设旱厕或使用便桶，旱厕粪坑均为开放式，粪便未经无害处理而直接入田。部分村民养猪采用人畜同居散养的方式，猪食、猪粪随处乱洒，下雨时，人畜粪便随坡流淌，污染水源，以至于村内臭味刺鼻、蚊蝇滋生，严重影响村民健康，并且对下游泼河水库水质造成严重威胁。

丁李湾村内水系 1

丁李湾村内水系 2

丁李湾村内植被

　　村落经济以水稻、小麦种植为主，部分丘陵种植松、杨及板栗、茶树。由于主业收入极低，因此村民外出务工，赚取收入。青壮年外出务工，老弱病残在家务农，村内劳动力严重不足。

　　村行政资金以上级拨款为主，自营收入极少，可用于村落管理、维护、维修、建设的费用基本为零，无外来投资以及在经营项目。农副产品上市不成规模。没有占有市场影响力的土特产，即村落经济的"自我造血"能力较差。

　　村民的文化程度普遍较低，卫生意识较弱。

2.1.3　建筑与空间

丁李湾村古建筑痕迹现有 1 个"八"字门楼和 10 多个石刻门墩门楼，成套建筑轮廓部分保留。石块面弄道 300 余米，古建筑房屋 70 余间（最后修建年代不详，尚待考证），木雕夹底 10 余处。

"李氏庄园"及成套房屋建筑的轮廓部分保存下来。另有近年修建的红砖坡瓦顶民居 50 多间，红砖平顶民居 40 多间，砖混结构民居多间。

由于该村老建筑通风、采光、保暖性、舒适度极差，因此村民拆旧改新的愿望较强，再加上老建筑用材较差，其梁柱用杂树弯木，墙体为土坯外包青砖，屋顶为冷摊小青瓦，村内原道路为自然型毛料块石，原排水渠道为沿墙顺道乱石砌筑。大量老建筑无人居住、无人维修。部分老建筑被弃、被拆改。

现存建筑缺乏有效的管理和维护，村落格局整体较乱，显得杂乱无章，内部道路曲折，狭窄堵塞，地面崎岖不平。大部分老建筑年久失修，室内潮湿霉烂，外观破败，墙体开裂、倾斜，院内荒草丛生，存在严重的安全隐患。部分老建筑在后期修理时由于用材随意、工艺粗糙，对原有建筑特征破坏严重。

门楼

新建筑无序插建，形式简陋，样式繁杂，色彩不协调，工艺粗糙；排水沟渠塌落堵塞，村落空间拥挤，古村落整体风貌被严重破坏。村民烧饭基本采用土灶烧草，土灶构造简陋，烟道反烟蹿火，对室内空气及环境卫生破坏极大，火灾隐患很大。

现存建筑

新建建筑

丁李湾今与昔

把农村建设得更像农村

建筑样式

2.2 改造后的全貌

1）基础建设，修旧如旧

丁李湾村一共购置8根缅甸东北松木料，每根长近10米，直径大约70厘米。这8根缅甸东北松已去皮削成方形，用于重建丁李湾村西大门和南大门，作为横梁之用。大门的重建很有讲究，采用传统手工工艺，中间不能加一根钉子。仅做8根木梁，五六个木工师傅忙碌一个多星期，按照原定进度，需要两周的时间才能上梁完工。

一年的时间里，丁李湾村的环境卫生面貌焕然一新，房前大塘整修、河岸、湿地、滚水坝、给水主管网、巷道青石板路等全部完工，入村的一条新道路已通车。

在巷道的青石板路下，排污管道、自来水管道、通信电缆一并铺设。

2）开发相关产业，打造生态农业体验园

在丁李湾古村落东南侧，两条小河交汇，形成一大片水塘，塘边新建污水处理池，池边一块水塘里栽种莲藕，一来用于污水的生态降解，二来作为一个观赏区；在相邻的另一片大水域中开发旅游体验项目，用于船坞漂流和垂钓。

结合旅游开发，丁李湾村种植20公顷的安徽贡菊，同时与国家农业科研部门合作，种植20公顷的猕猴桃，打造一个生态农业体验园。

3）转变观念，迎接新生活

丁李湾村民掌握挂面加工、竹编、织布、手工鞋垫等传统工艺。很多农妇自己做鞋垫，鞋垫两边有刺绣，不但穿着舒服，更是难得的工艺品。

丁李湾村远景规划设计包括三个方面：观光项目——古村落与农耕文化展示、观光农村、手艺作坊；体验项目——船坞漂流和垂钓、开心农场、自行车越野；旅游配套项目——农家餐馆、民俗、土特产商店、农贸集市。

丁李湾今与昔

把农村建设得更像农村

改造后全貌

改造后西部门楼

改造后东部门楼

改造后主干道

改造后池塘

村民活动

游客来访

丁李湾今与昔

把农村建设得更像农村

改造后井屋

改造后凉亭

改造后池塘

改造后夏季丁李湾村

丁李湾今与昔

把农村建设得更像农村

改造后建筑

改造后夜景

3 乡村营造

3.1 设计思路

　　古村落是集建筑、民俗、文化、环境、生态、文明于一体且具有历史文化、民俗风情、艺术审美、科学研究等诸多价值属性的综合体，是我国数千年农耕文化的结晶，也是中华文化的瑰宝。

　　古村落记载了中国几千年农耕文化的发展轨迹，其内部的构成体现了我国社会关系的雏形，是研究我国社会发展历史的根源地；分布全国的古村落体现了我国各民族在建筑艺术方面的高超技艺，是储藏我国建筑艺术的巨大宝库。古村落的构成遵循"天人合一"的理念，村民对自然环境的敬畏与适应，是今天研究、制订和谐发展规划的知识源泉。目前，我国农村人口基数庞大，保护古村落对于环境保护、生态恢复、经济模式多元化、文化多样性具有不可估量的重要作用。已被纳入中国传统村落保护名录的丁李湾村具有顽强的生命力，但其生态环境十分脆弱，因此，丁李湾古村落保护工作具有迫切性和一定程度的复杂性。

3.1.1 迫切性

　　当前，我国经济快速发展，个人收入不断提高，信息快速交流，城镇化大力推进，农村劳动力向城市大量转移，村民追求现代化的生活方式，渴望提高居住舒适度，古村落的消亡速度令人惊叹：平均每天消亡 300 个自然村。

　　我国的城镇化计划被简单地定义为"另建新城镇，农民住楼房，用上自来水，家有卫生间，烧饭用燃气"。这更加速了传统古村落的败落和毁灭性破坏。鉴于古村落和传统农村在中国政治、经济、文化等多方面的重要作用，古村落保护工作尤为紧迫。

3.1.2　复杂性

我国的社会生产力水平不断提高，古村落中的居住条件却保持原样，导致居住环境和新式建筑相比不够完善。其简单、直接的因果关系体现为古村落没人住，但深层次的原因则是古村落及其代表的农耕文化、小农经济、曾经的生活方式与后工业时代的现代经济和现代生活方式不适应、不协调。

古村落并非文物、古建，无法采用静止式隔离措施加以保护，加之面广量大，村内很多生活设施仍然具有使用功能，在古村落保护方面尚无成熟、完整的方案，相关的法律法规也不完善，对该领域的研究缺乏系统性资料和专家的足够关注。

目前，我国古村落保护模式主要包括：第一，西塘式原建筑整体性保护；第二，乌镇式纯旅游景点；第三，丽江束河式商业开发；第四，同里、周庄式民居旅游商业；第五，婺源式自然、建筑风景采风旅游开发。基本手段均为开发旅游产业，以古村落格局、建筑、民俗为旅游亮点，以旅游营利创收、反哺村落保护的方式，维持古村落现状，并且在一定程度上保护古村落、古民居。然而，这些保护方式是由古村落的特殊性决定的，它们的共性是交通便捷，距离交通枢纽较近，客源来源地半径较大，客源规模较大，村落规模较大，古建、村落格局较完整，特异性较明显，具有很强的自然、人文资源优势，投资力度较大，项目管理能力较强。这些项目并不具有全国性的普遍推广示范性，过度的商业化运行对这些古村落的风貌、格局、建筑、民风、民俗的损害不容小觑。因此，鉴于丁李湾古村落的具体状况，古村落保护不能简单地复制以上方法，不能仅仅修复房屋，而应当采用一种全面、系统的方式。

具体设想包括下列内容：

调研前期准备

分工：调研分为四个部分，分别为建筑、基础设施、文化、管理。测绘 A、E、G 区；测绘 B2、C、F 区，测绘 B1、D、H 区

调研分组

A 测绘组：吴荣新、方飘；

B 测绘组：董芳良、李安娜；

C 测绘组：刘宁、董孟秋；

D 采访组：宋微建、王静、彭惠心。

测绘目的

对每户进行详细的测绘及平面图绘制，解决道路水系等基础设施问题，了解村民的居住感受及生活状态，并收集相关信息，以供参考。

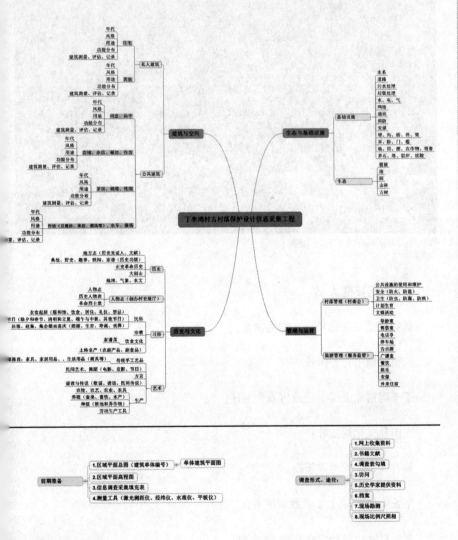

前期调研内容树状表

3.1.3 调研量化

1）测绘民户、访问代表民户

共测绘 100 余户，访问代表民户 80 余户（姓氏以李氏为主）。

作者和孙君前期在项目现场沟通

2）访问其他人员

新县县委及文化局、文物局领导；

八里畈镇书记、镇长；

丁李湾村党支部书记及村委会主任；

光山县文化局领导；

具有代表性的地方茶商；

年长（80 岁以上）戏曲表演者；

各类具有代表性家庭共近 80 余户。

3.2 区域和空间

1）硬件方面

（1）恢复并提升村落健全的生活功能，实现饮用水管道化供应，确保污水、粪便、垃圾经过无害化处理后排放；

（2）疏通村落内外的交通路径，确保通行安全，提高舒适度，结合参观游览动线进行设置；

（3）抢救、修复老建筑，消除安全隐患；

（4）修复村落原始风貌，营造和谐、统一的建筑风格；

（5）布置公共设施、景观；

（6）设置消防设施；

（7）改善厨房、卫生间的使用条件；

（8）设置村落先贤堂；

（9）设置村落接待室；

（10）改造周边水系；

（11）设置民俗、农耕展示堂；

（12）设置民宿、乡宿；

（13）设置餐饮区域、售卖店铺；

（14）种植农作物、经济作物；

（15）设置养殖业基地。

2）软件方面

（1）组建一个强有力且专业的项目管理班子；

（2）编制村落房屋流转政策（含土地流转方式）；

（3）编制劳动力回流计划；

（4）落实项目资金；

（5）开发"自我造血"功能，制订良性的"自我循环"计划；

（6）编制建成后村落维护及日常运作管理计划（分为旅游型及无旅游型复式计划书）；

（7）针对具体的工程技术，可以在现有成熟技术的基础上，经过单项小试并经专家充分论证、肯定后逐步推进，不宜同时大面积开展。

3）建筑

依据规划原则，对村落面貌与格局实施整体保护。按照"修复"和"整改"的原则，修旧如旧；"重建"则新旧有别，不做"假古董"。

4）修复

针对反映传统建筑风貌、平面布局保留较完整、建筑立面具有地域特色的古建筑及门楼，在保留原样的基础上，运用传统工艺，对建筑或构件进行维修和保护，修旧如旧，以存其真。修复种类包括：

（1）木结构坡顶、泥包青（及全青砖）墙类建筑；

（2）木结构坡顶、红砖墙类建筑。

修复建筑分布

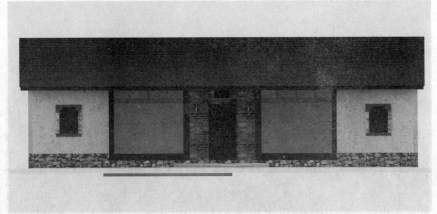

修复建筑效果图

5）整改

针对与传统建筑风貌有一定冲突的一般民居建筑，形式、材料、色彩等不具地域特征，但建造时间较近，质量较好，仅对外观加以整修、改造。

整改种类包括：

（1）红砖墙、混凝土平顶类建筑；

（2）砂浆面墙面、瓷砖墙面、混凝土墙面建筑。

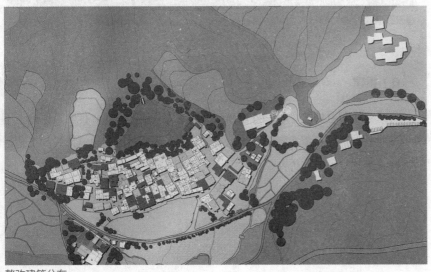

整改建筑分布

整改建筑原状

整改建筑效果图

6）重建

针对建筑质量极差、临时搭建和已拆除沦为荒地的建筑，拆除后原则上不再原地重建，而是根据实际需求予以重建。尽量参照村内的建筑形式和工艺进行重建，不刻意做旧、仿古。

重建建筑分布

重建建筑效果图

重建建筑原状

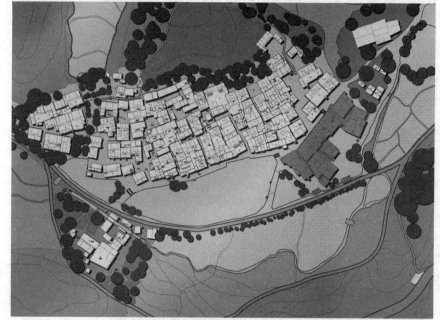

东部区块位置

原东部实景

改造后东部效果图

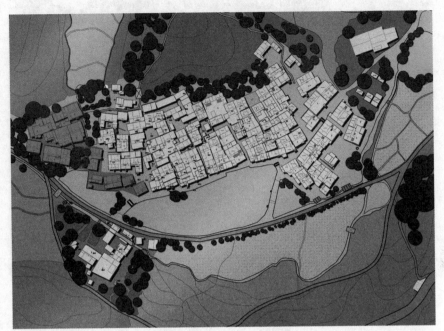

西部区块位置

原西部实景

改造后西部效果图

乡村营造

把农村建设得更像农村

中部区块位置

原中部实景

改造后中部效果图

3.3 基础设施

3.3.1 给水方案

1）机井给水

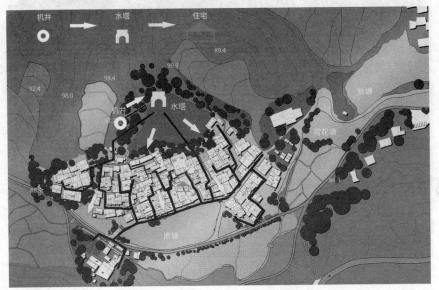

机井给水分布

2）水库给水

水库给水分布

3.3.2 排水方案

1）泄洪沟排放

泄洪沟排放分布

2）污水排放

污水排放分布

3）雨水蓄排放

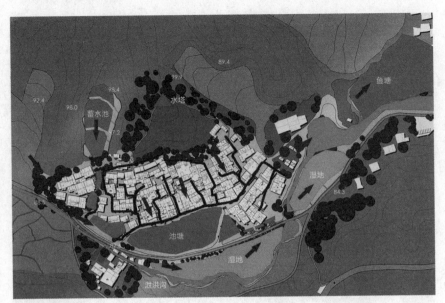

雨水蓄排放分布

3.3.3 消防系统

消防系统分布

3.3.4 电力系统

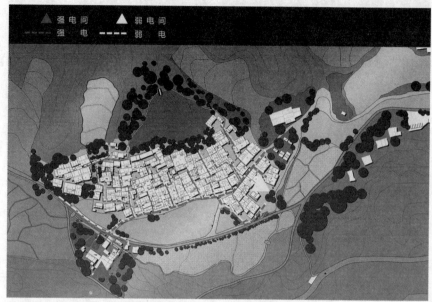

电力系统分布

3.3.5 共同沟铺设

综合管廊：管线每家到户，保护古村落景观风貌与道路格局。

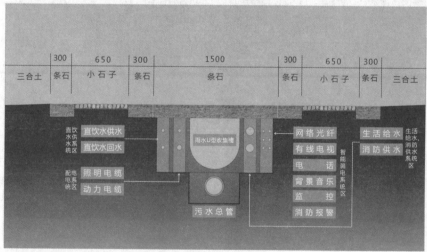

污水总管图

注：本书中图纸尺寸除注明外，均以毫米（mm）为单位。

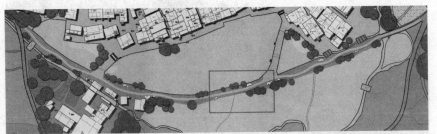

石道节点局部图

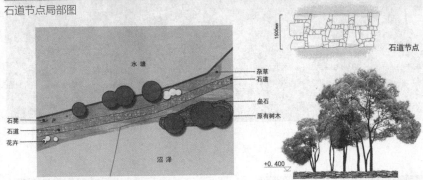

水塘

杂草
石道

垒石

原有树木

石凳
石道
花卉

沼泽

石道节点细节图

1500mm

石道节点

+0.400

石道节点示意图

共同沟铺设 1

共同沟铺设 2

共同沟石板铺设

3.3.6 道路

1）平面图

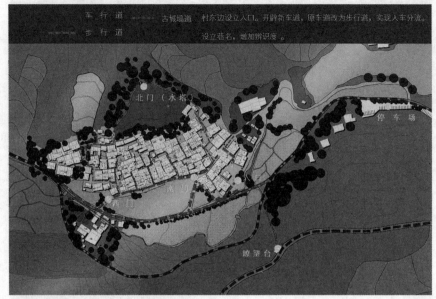

道路平面图

2）路面铺设

地下管网铺设完毕，按照编号，恢复原有路面。

原石板编号

石板路面施工

铺设完成后

3.3.7 池塘暗槛

　　池塘底部清淤，恢复清水。驳岸边堆放毛石，若不慎落水，"隐形救命垫脚石"可起到保护作用。

池塘暗槛

3.3.8 整治后

改造后堰塘实景

乡村营造
把农村建设得更像农村

整治后沟渠实景

整治后池塘实景

整治后水井实景

3.4 乡村公共建筑

3.4.1 茶亭民宿

1）方位图

茶亭方位图

2）手绘图

茶亭手绘图

3）施工图

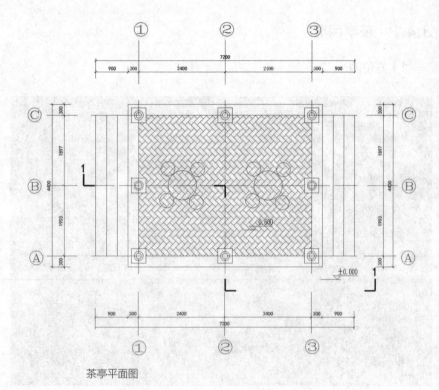

茶亭平面图

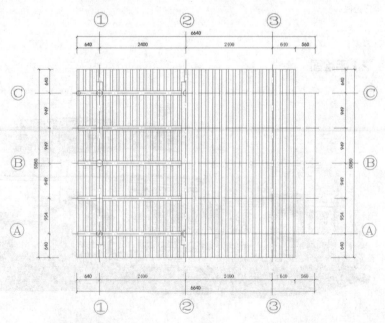

茶亭屋面俯视图

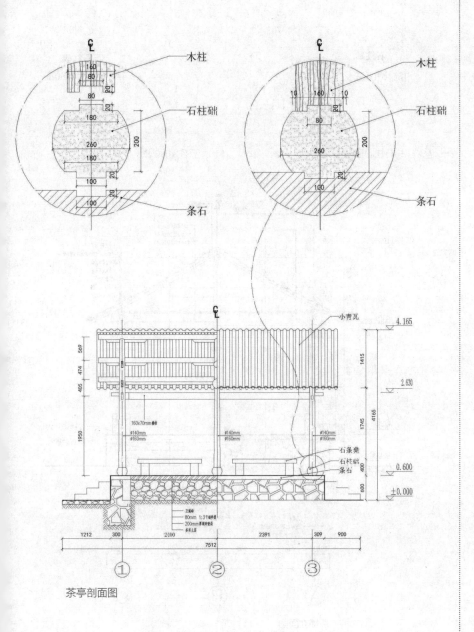

木柱

石柱础

条石

木柱

石柱础

条石

小青瓦

4.165

1415

2.630

1745

4165

石条凳
石柱础
条石

0.600

600

±0.000

160x70mm
⌀140mm
⌀160mm

⌀140mm
⌀160mm

⌀140mm
⌀160mm

1950

405

474

569

王板砖
80mm 1:3干硬砂浆
200mm厚现浇垫层
夯实土层

1212 | 300 | 2400 | 2391 | 309 | 900

7512

① ② ③

茶亭剖面图

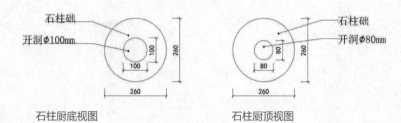

石柱础
开洞φ100mm
100
260
100
260
石柱厨底视图

石柱础
开洞φ80mm
80
260
80
260
石柱厨顶视图

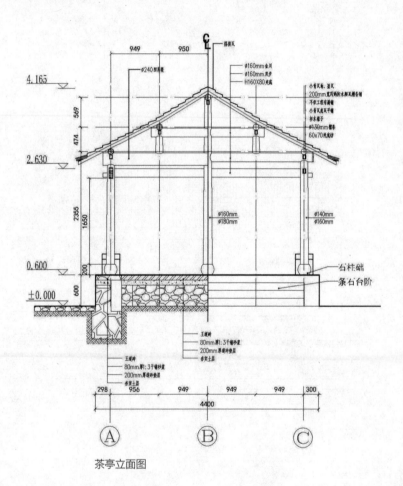

茶亭立面图

4）效果图

茶亭民宿效果图

5）实景

茶亭实景

茶亭建成实景

3.4.2 村部

1）方位图

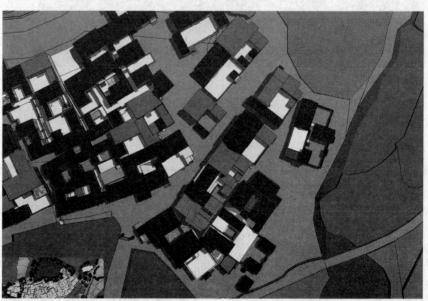

村部方位图

2）手绘图

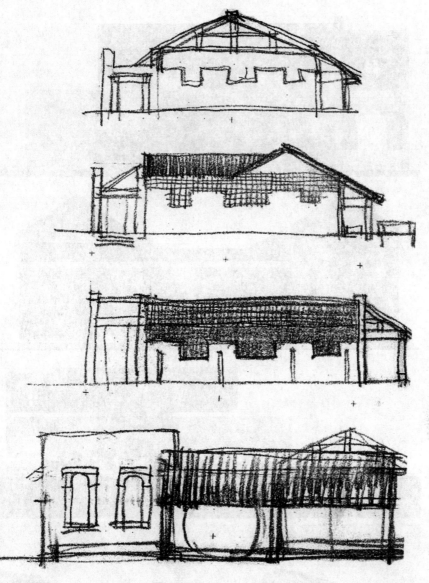

村部手绘图

3）效果图

村部效果图

村部效果图

4）施工图

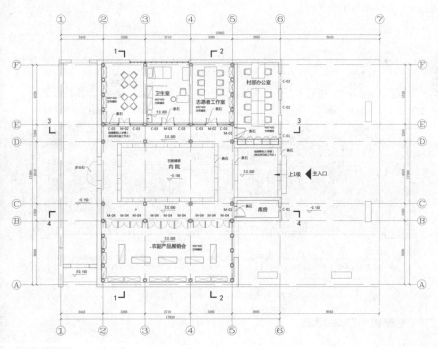

村部平面图

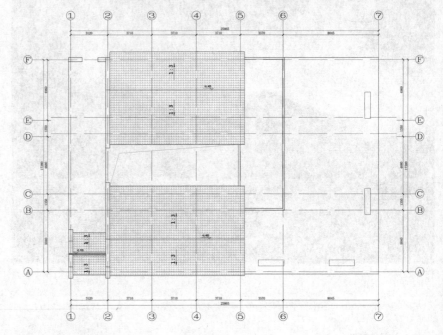

村部屋面俯视图

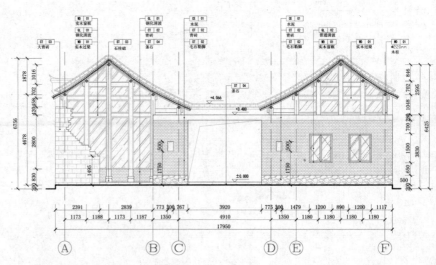

村部 Ⓐ—Ⓕ 轴立面图

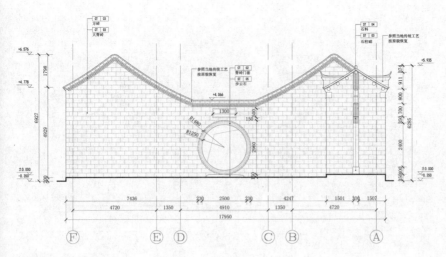

村部 Ⓕ — Ⓐ 轴立面图

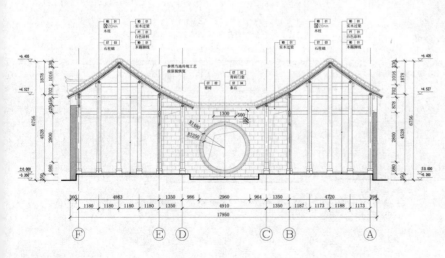

村部剖立面图 1

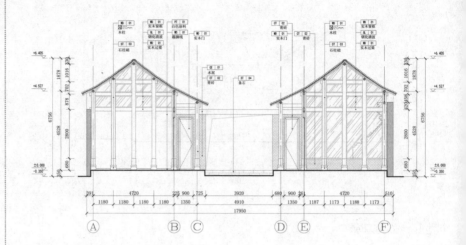

村部剖立面图 2

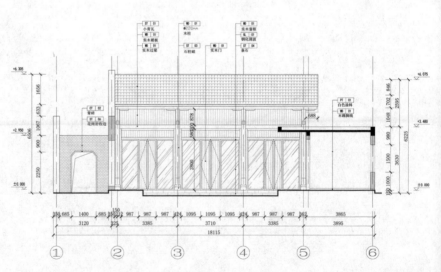

村部剖立面图 3

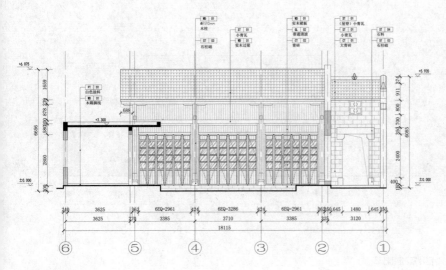

村部剖立面图 4

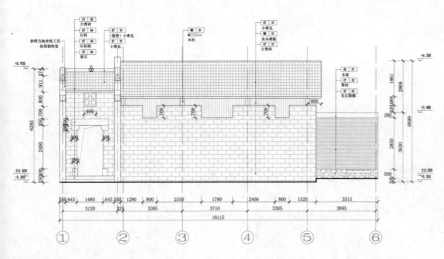

村部立面图 1

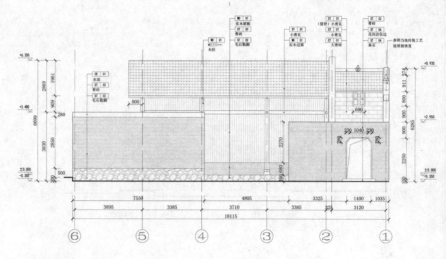

村部立面图2

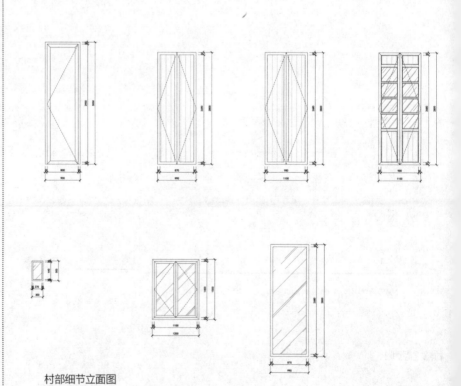

村部细节立面图

5）原状

村部原状

6）建设实景

村部建设实景

3.4.3 厕所

1）方位图

❶公厕01 ❷公厕02

厕所方位图

2）效果图

厕所效果图

3）施工图

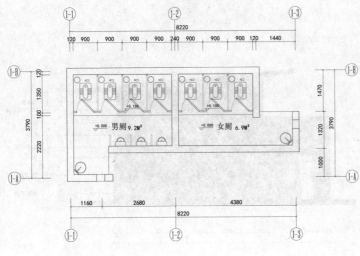

厕所平面图

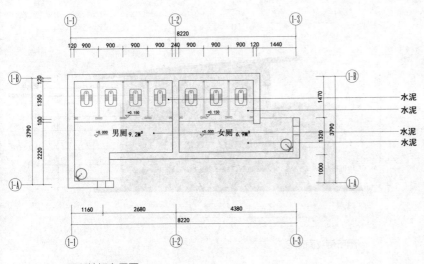

厕所地坪布置图

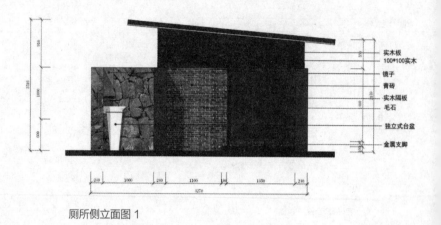

实木板
100*100实木
镜子
青砖
实木隔板
毛石
独立式台盆
金属支脚

厕所侧立面图 1

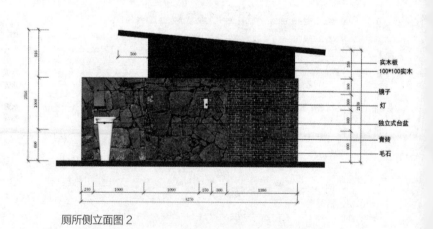

实木板
100*100实木
镜子
灯
独立式台盆
青砖
毛石

厕所侧立面图 2

3.4.4　井屋

1）施工图

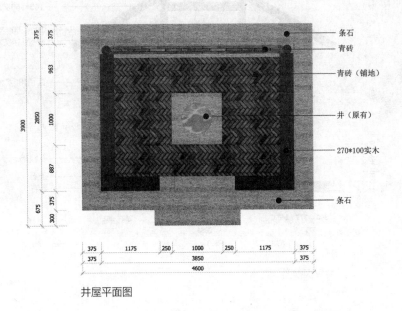

条石
青砖
青砖（铺地）
井（原有）
270*100实木
条石

井屋平面图

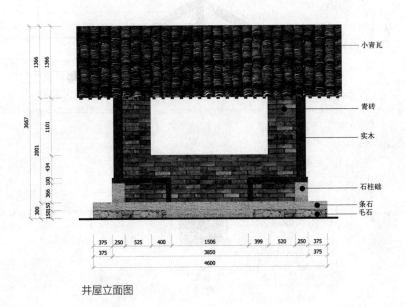

小青瓦
青砖
实木
石柱础
条石
毛石

井屋立面图

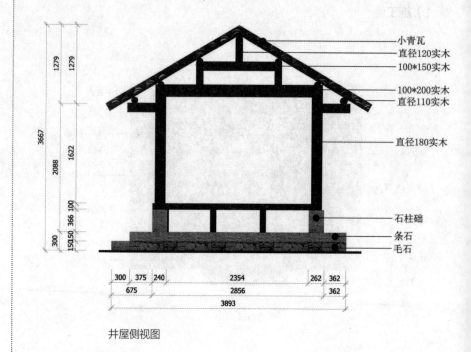

小青瓦
直径120实木
100*150实木

100*200实木
直径110实木

直径180实木

石柱础
条石
毛石

井屋侧视图

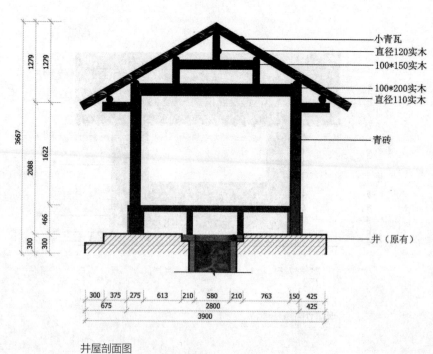

小青瓦
直径120实木
100*150实木

100*200实木
直径110实木

青砖

井（原有）

井屋剖面图

3.5 民居施工图

3.5.1 民房1

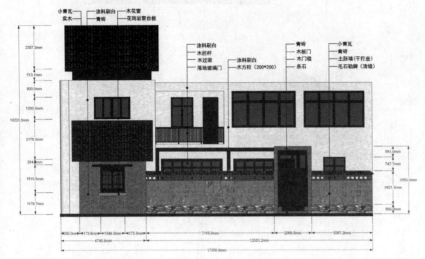

民房1正立面图

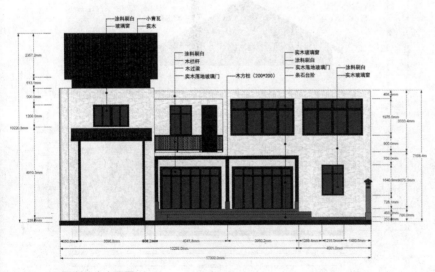

民房1内立面图

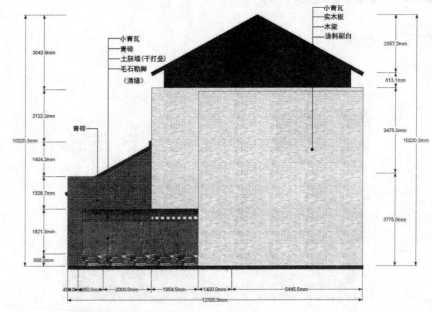

民房1右立面图

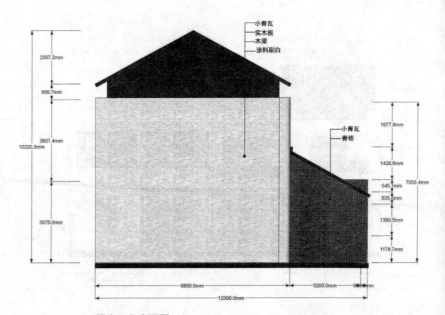

民房1左立面图

3.5.2　民房 2

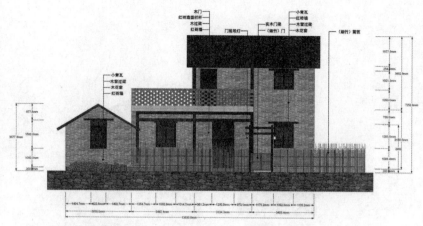

木门
红砖造型栏杆
木过梁
红砖墙

门前用灯

实木门梁
（细竹）门

小青瓦
红砖墙
木窗过梁
木花窗

（细竹）篱笆

小青瓦
木窗过梁
木花窗
红砖墙

民房 2 正立面图

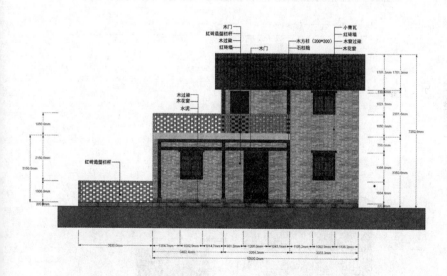

木门
红砖造型栏杆
木过梁
红砖墙

木门

木方柱（200*200）
石柱础

小青瓦
红砖墙
木窗过梁
木花窗

木过梁
木花窗
水泥

红砖造型栏杆

民房 2 内立面图

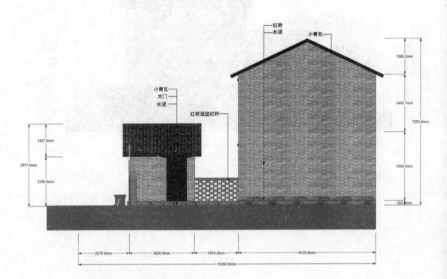

民房 2 右立面图

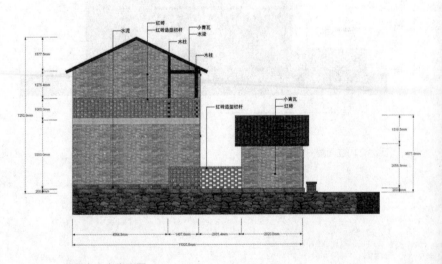

民房 2 左立面图

3.6 试点建筑

3.6.1 北区民宿

1）方位图

北区民宿方位图

2）手绘图

北区民宿手绘图

3）效果图

民宿效果图

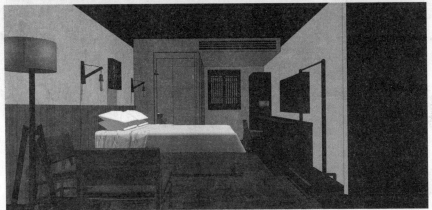

民宿效果图

4）施工图

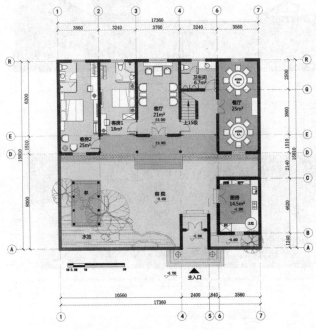

北区民宿一层平面图

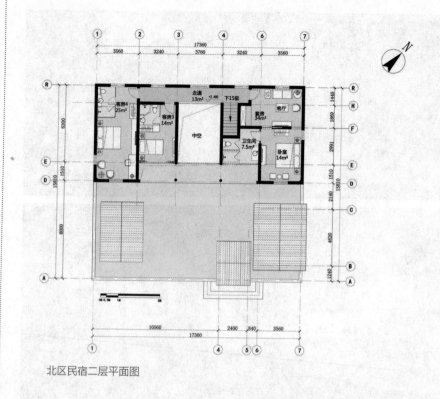

北区民宿二层平面图

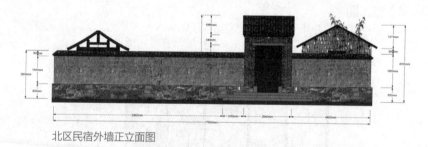

北区民宿外墙正立面图

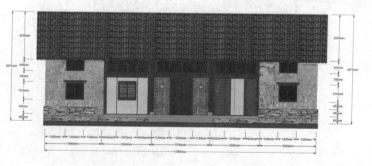

北区民宿正立面图

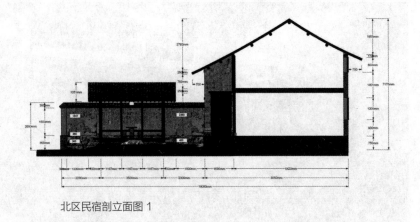

北区民宿剖立面图 1

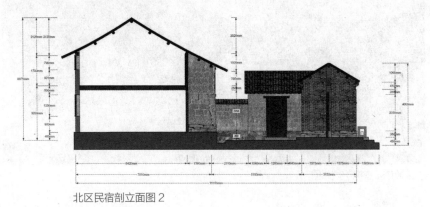

北区民宿剖立面图 2

3.6.2　东区饭庄（李宅）

1）效果图

东区饭庄（李宅）效果图

东区饭庄（李宅）效果图

2）施工图

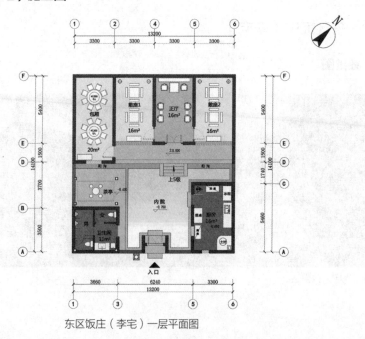

东区饭庄（李宅）一层平面图

3）建设图

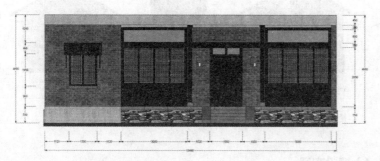

东区饭庄（李宅）主建筑立面图

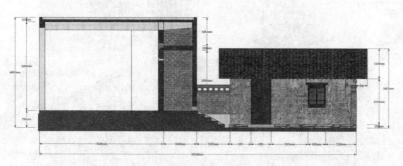

东区饭庄（李宅）主建筑剖面图 1

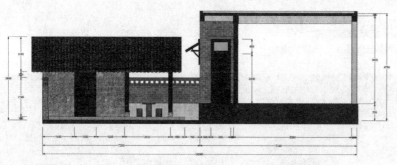

东区饭庄（李宅）主建筑剖面图 2

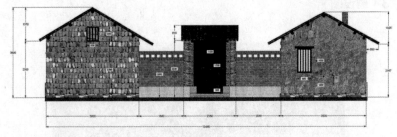

东区饭庄（李宅）主建筑正立面图

4）建设实景

东区饭庄（李宅）主建筑建设中

东区饭庄（李宅）主建筑建成实景

3.6.3 西区民宿

1）方位图

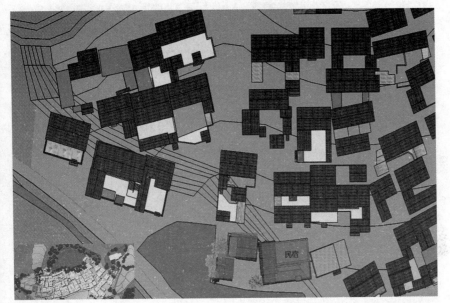

西区民宿方位图

2）原状

西区民宿原状

3）手绘图

西区民宿手绘图

4）效果图

西区民宿效果图

3.6.4　中区民宿

1）效果图

中区民宿效果图 1

中区民宿效果图 2

乡村营造

把农村建设得更像农村

中区民宿效果图3

3.7 产业 IP

3.7.1 品牌

丁李湾村出产的优质茶叶（毛尖和龙井）、花生、莲子、栗子等农产品，以及土布、鞋垫等手工艺品，可逐步实现品牌化（有独特的品牌名和包装形式），扩大品牌效应，提高乡村产品的附加值。

丁李湾村商标

3.7.2 礼篮包装

竹或柳条编制篮筐，提手可折叠，篮筐外盖上手织布，盛放茶叶、花生、莲子、栗子等丁李湾村的土特产。

丁李湾村民的传统：送礼时，礼品用箩子装着，当地有一块肉叫"箩子底"，还有挂面、油条、鸡蛋、糖、布料等，上面用一条新的毛巾盖着。

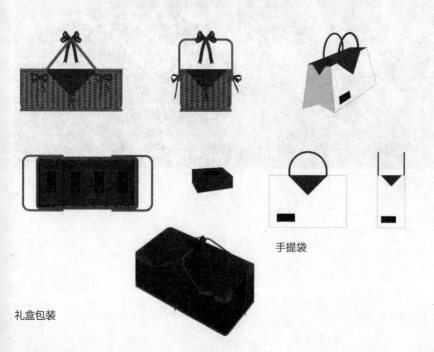

手提袋

礼盒包装

4 乡村生活

4.1 乡村景观与农业

4.1.1 导视

丁李湾村系统系统分为指示系统和公共标志两大类。指示系统是为了方便游客，强调识别性与形式一体。公共标志是对丁李湾村当地的公共实施进行标示。按照国家标准进行设计，形式和用材上考虑当地石材等材料，与当地公共设施融为一体。

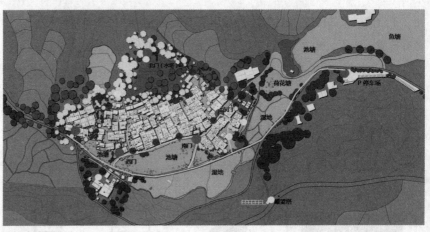

导视点位图

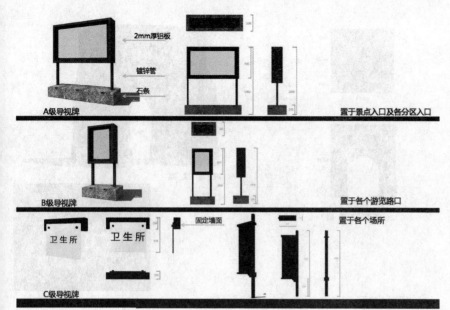

A级导视牌   置于景点入口及各分区入口

2mm厚铝板
镀锌管
石条

B级导视牌   置于各个游览路口

卫生所   卫生所   固定墙面   置于各个场所

C级导视牌

导视系统图

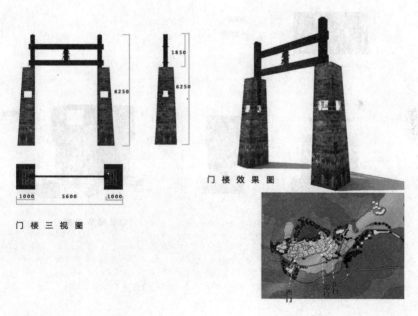

1850
6250
6250

1000   5600   1000

门 楼 三 视 图

门 楼 效 果 图

景观设施图 1

水塔平立面图

水 塔 效 果 图

景观设施图 2

烟灰缸
内设凹槽

垃 圾 桶 三 视 图

镀锌钢板

条石

垃 圾 桶 效 果 图

景观设施图 3

表面磨光 下侧毛料处理

石 条 凳 三 视 图　　　　　　石 条 凳 效 果 图

景观设施图 4

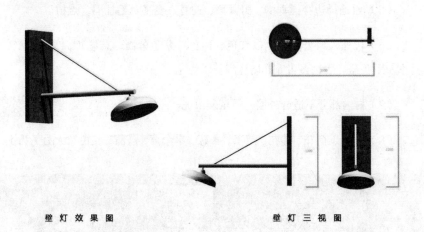

壁 灯 效 果 图　　　　　　壁 灯 三 视 图

景观设施图 5

表面镀锌

路 灯 三 视 图

景观设施图 6

4.1.2 景观

1）原则：经济效益＋观赏养生

2）树种

（1）树落内及村西、北侧以银杏为主，点植和片植，兼植梅花、桂花、竹、桃树、樱花、玫瑰花及月季等。

（2）村西北外侧山坡及西南角以枫树为主，点植。

（3）村南山脚及山田以桃树为主，片植；村前及水塘南侧为点植。

（4）村东及水库西侧以李树为主，片植和点植。

（5）水塘周边穿插垂柳、野蔷薇、迎春、麦冬及毛杜鹃，点植。

（6）村外入口公路两侧以红色、白色、紫色紫薇，慈孝竹，宽叶箬竹，月季及野蔷薇（野蔷薇可兼作防盗绿篱）为主。

（7）村内部分不适合外墙，可植爬山虎。

（8）湿地以荷花、莲花、芦苇、水葱、旱伞草、菖蒲、茭白及大力王为主。

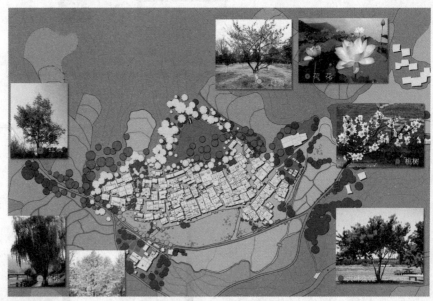

景观植被图

3）形态

（1）村前树形以低矮形态为主。在不遮挡村落建筑的前提下，完整地取景构图，可作为村落画面前景。

（2）村内树形以球形、伞形银杏为主，点植，增加树木层次，丰富天际线曲线。

（3）村外西、北侧山坡，道旁成片种植高大的银杏、糖枫，形成村落背景。

4）色彩

得益于以上配植，村落形成以早秋黄、晚秋红的树木色调（特色），又具早春梨花堆雪、暖春桃花遍地、仲夏映日荷花别样红四时色艳的特点。

丁李湾村景观实景

5）花香

以上配植可使村落在不同季节的不同风向下都能散发着浓浓的花香。

6）保健

银杏含有的有益成分，具有防癌、保健的作用，对村民保健、延寿极有裨益。此外，银杏具有突出的逐虫和净化空气的作用。

7）经济

银杏、桃树、李树、荷花、茭白的果实有助于提升村庄产业的经济收益。村落景观的优化可吸引众多游客前来观光。湿地水生植物具有很强的水体净化作用，同时大大降低污水处理成本。

村落景观的优化吸引了众多游客前来观光

4.2 村庄资源开发利用

现如今，城市生活压力大，人们厌倦了"走马观花式"的景点游，走走看看、体验慢生活的乡村游愈发受到人们的欢迎。

村庄资源开发利用的总体原则：充分利用丁李湾村的自然和人文资源以及各种优惠政策，开发特色产品，提供特色服务，建设能够满足高端需求的住宿、用餐等旅游配套设施！

4.2.1 打造"豫南最美古村落"，管理先行

拥有 700 多年悠久历史的、美丽的丁李湾古村落，若想继续"美"下去，必须从保护生态环境出发，因为优美的自然环境和深厚的人文底蕴是开发旅游业的基础。然而，自然、人文环境的保护以及旅游业的开发，必须采用正确、合理的管理方式。

4.2.2 设立村合作社，实现经济管理

村合作社是村委会联合村户、外来投资者、科研院所、社会组织、金融机构等社会各界力量，支持村民共同富裕而成立的经济互助联合体，既是具有法人地位的生产或经营企业，又是群众性的社团组织。成立村合作社的宗旨是促进丁李湾村均衡发展、村民健康致富。

管理各项基础设施：生态恢复与基础设施、建筑与景观修复的协调落实、监督与后期维护。

组织生产、经营：一方面，集中经营酒店、民宿、农家乐、农贸集市，做好旅游配套、农副产品深加工、农产品品牌开发包装和销售等；另一方面，加强宣传和引导，鼓励村民积极开展有特色的个体生产和经营，开发旅游业，共同致富。

组织村民参加文化教育培训，增建学习设施，如图书馆、村史馆、宗祠、图书馆、小型中医诊所等。

组织村民开展具有丁李湾村特色的民俗活动，如"六月六"尝新节，花鼓戏等传统戏曲。

整合社会资源，联合公益组织、志愿者、外来投资者，开发养老产业和生态旅游，促进丁李湾村的可持续发展。

乡村生活

把农村建设得更像农村

举办各种民俗活动

丁李湾村发展旅游业

5　预算与施工

5.1　施工方案指导

2014 年 9 月 13 日，"上海农道"的宋微建、于万斌前往新县八里畈镇丁李湾古村落施工现场，向丁李湾村指挥部送达《增加的施工方案》，并且就近期丁李湾村保护建设工作提出具体意见。

（1）村部整修：目前群众工作已做好，应尽早展开施工。

（2）明渠建设方案：建议保留并实施；污水管沟可以从新建滚水坝中穿过。

（3）南门楼：在原方案的位置向南挪 10 米，在现场确定的位置上尽快施工。

（4）照明系统：2014 年 8 月 22 日明确塘内照明位置；巷道内灯具类型及位置以宋微建现场确定的位置为准；塘外侧及旅游道路两旁暂不做照明。

（5）对公厕位置进行调整，但按原图纸施工，上空部分可增加百叶窗。

（6）循环提水系统：沿供水管道在荷花塘外侧增加一条供水管道，提水方案为自水库提水至村西头小塘，自然循环至荷花塘。

（7）拱桥：建议用改造方案做，可以先搜集需用的石条。

（8）栈道：按照方案实施，树木用本地刺槐树，并且用桐油浸泡、做旧。

（9）片石路：按照巷道原片石的模样，由"上海农道"提供图纸。

（10）在三条水泥路上留出消防通道，由"上海农道"提供施工方案。

（11）古井改造：在古井上方打造一个亭子，古井周边用石条砌筑休息、品茶座位，由"上海农道"提供具体图纸。

（12）在村东桥头左右两侧向外扩展，形成两侧圆弧状下客停车场。

（13）老石拱桥改造：按照"上海农道"的改造方案，先联系石条原料供应商。

（14）古村的绿化工程可暂不考虑。

（15）村部东部对面的湿地没有水源，应当建造一个水车，由"上海农道"提供方案。

（16）垃圾处理问题：由宋微建联系孙君老师，提出具体方案。

（17）几条巷道：确定名称，设立指示牌。

（18）城墙原址、3个停车场以及公厕预留电源线，每个落地路灯（含城墙、停车场）下方布置一条音频线。

施工中的村部实景

5.2 建筑材料

（1）木材：

① 尽量使用当地旧木料（随形，规格参考《营造法原》）。

② 木料表面做旧，适当上点水色，参照旧木门框颜色。

③ 户外木料参照旧木门框颜色烤水色后防水剂浸泡。

（2）砖（红砖）：

① 到周边城镇乡村收集。

② 土坯条基可以放一垒毛石、水泥和黏结剂用在缝隙里，不用勾缝。

③ 砖的砌法同现状一致。

④ 所有墙体 – 0.1 米开始用防水砂浆砌筑到 1 米高。

（3）涂装：

① 室内部分尽量用刮刀重复錾磨。

② 室外部分采用水泥刨毛。

③ 石料部分，把机械加工的痕迹手工凿毛。

④ 院里小石块用水泥和石灰混合。

⑤ 室内墙壁，厨房、卫生间用瓷砖，餐厅用白色涂料。

⑥ 室内地面用水泥，做法为水泥预制板上豆石混凝土找平，面层按装修要求进行。

⑦ 踢脚线用 8 厘米陶砖（涂红色）。具体做法为防水砂浆粉刷齐平上部墙面，留 10 毫米水缝。

（4）灯具：

① 灯源用 3000 K 三基色节能灯。

② 灯罩使用木框、竹框。

（5）家具采用当地传统材料定制，做旧。

砖

石头

木头

6 手 记

6.1 设计小记

6.1.1 与村民手拉手重建乡村——丁李湾古村落保护与发展规划设计感悟

2013 年 8 月初，我非常荣幸地收到"绿十字"的邀请，参加"英雄梦·新县梦"规划设计公益行项目。该活动由中国扶贫基金会、中国古村落保护与发展专业委员会、"绿十字"以及新县县政府共同承办。

新县是一片红色土地，共诞生过近百位将军和省部级以上的领导干部。因此，此次活动的主题为"英雄梦·新县梦"。我们来到新县，看了现场之后发现生态问题为当前急需解决的问题，而这一问题恰恰是当代中国乡村建设的一大难题。随着调研的深入，我们发现新县的青山、绿水、蓝天以及每个村落、土地庙、祠堂以及宗谱的存在对于这个高速发展的社会来说无疑是个奇迹。由此，古村落保护与发展的工作任务尤为重要。

我国的古村落是基于农耕文化的人类聚居地，具有独特的文化背景和建筑特征，是以血缘、亲缘、地缘为主导的社会。中华文化的灿烂性、多样性、创造性和地域性在村落里均有所体现。

在丁李湾村，典型的豫南民居建筑、传统聚落式村落格局、古城墙遗址、4 个城门、炮台等无一不是典型的传统村落元素，目前已被纳入中国传统村落保护名录。但丁李湾村的传统建筑损毁严重，村落格局破坏较大。

来到偏远乡村后，我们被自然山水和生机勃勃的农田所吸引，但深入田间、农舍，便会被眼前的场景震撼或吓到。没有自来水，没有卫生间，没有电，当然也没有电视机、电话、网络……这对于今天的城市人是无法想象的。撂荒的农田里，杂草丛生，失修的农舍岌岌可危；人畜同居，到处是牲畜的粪便和生活垃圾。美丽的乡村印象很快被眼前的窘况消失殆尽。

随即，设计团队对丁李湾村展开深入调研，查阅大量历史资料，前往现场，进行测绘、勘测和寻访，实地勘测道路水系等基础设施状况，走访60岁以上的老人，寻访《光山县志》，与村镇干部进行交流，全面了解丁李湾村的现状、环境和人文历史，并且将调研结果进行量化处理，从而在大量信息中提取有效元素。

在整个规划中，我们按照既定方案，将建筑按照修复、整改、重建的原则进行分类，对村落实施保护性的开发，同时对农业生产、旅游开发做了比较深入的研究，邀请土壤专家陶康华教授对当地农作物进行分析、研究，对适宜农作物以及景观植被重新进行规划，所遵循的原则包括：古村落保护的整体性、原真性和可逆性，"修复"——修旧如旧，"整改"——新旧有别，"重建"——求同存异，不做"假古董"。

"修复"的原则是针对能够反映传统建筑风貌、平面布局保留较完整、建筑立面具有地域特色的古建筑及门楼。在保留原样的基础上，运用传统工艺，对建筑或构件进行维修和保护，修旧如旧，去伪存真。

"整改"的原则是针对与传统建筑风貌有一定冲突的一般民居建筑。其形式、材料、色彩等不具地域传统特征，但建造时间较近，质量较好，对外观加以整修改造。

"重建"则是针对建筑质量极差、临时搭建和已拆除沦为荒地的建筑。拆除后原则上不再原地重建，而根据实际需求进行重建。求同存异，做到与老建筑有联系，但是不复制，不做"假古董"。

未来的农村劳动力应当是"334模式"，即30%务农，30%接待服务（度假房屋），40%务工。目前，河南省信阳市五里店镇郝堂村、湖北省襄阳市五山镇堰河村等已做出典范。丁李湾村项目组邀请郝堂村环境整治团队开展土壤改良、垃圾分类、村合作社建立等一系列乡村重建工作。

目前，此项目已完成试验性启动计划，村合作社已成立，全体村民加入村合作社。项目资金来自省市县乡各级政府、民间机构以及村合作社，启动过程较为顺利。虽然项目还在实施过程中，但回顾整个项目的规划设计，设计团队感到非常欣慰。我们坚信：财力有限，民力无限，只有真正立足于农村、农业、农民的"三农"规划设计，才能确保乡村建设朝着更好的方向不断发展。

6.2　设计访谈

很多人知道您是室内设计大师，现在从事乡建设计。此外，您还有一个身份——上海农道乡村规划设计有限公司董事长。是什么机缘，使您与"农道"结缘？

宋微建：我在 2008 年由孙君老师介绍，开始从事四川省什邡市渔江村项目设计。这个项目之前邀请的都是建筑设计院、规划设计院的设计师，以及建筑规划系的高校教师，包括知名高校东南大学的一位博士，但方案出来后，老百姓并不是很认可。孙君老师也有点郁闷，后来经朋友介绍，问我是否感兴趣。我欣然接受了，花了 3 天时间，前往四川灾区做实地调研。当时，老乡们找了一块新农田，有点像城市住宅小区的做法，中规中矩。我通过卫星图片、地形图分析，发现四川的乡村建筑很奇特，不分东、南、西、北的朝向，不像北京的房子那样讲究南北通透。老乡们看到我的第一个方案，激动地落下眼泪，说："好像回到了家乡"。渔江村有 700 户人家，这也是我第一次接触乡村，对乡村的认识也是从那时开始的。

对我而言，渔江村项目并非乡建之路的正式开端，只能算是首次"试水"。最初接手乡建项目时，我总是战战兢兢，因为对乡村的情况并不了解，所以就要主动学习，加强对乡村的了解。这样，反而没有条条框框，很容易让老乡们接受，由此也就找到了乡村设计最核心的理念——尊重乡村，关注乡村，找到很多现代设计所没有的元素。后来进行的几个乡建项目同样如此，设计回到了最本源——人与大自然和谐相处。

丁李湾村项目前期的勘察工作量很大、很烦琐，据说"上海农道"勘察调查的方式成为很多同行学习的案例。那么，您有什么经验可以分享一下吗？

宋微建：丁李湾村项目始于 2013 年，之前其他团队做了很久，我们是后来才加入的。接手该项目时，有很多问题。乡村规划不是城市规划，市政要求非常严格，即三通一平、七通一平，乡村虽然不存在此类问题，但一切从零开始。除了自然环境，乡村基本上是人的因素，没有任何基础设施，样样都得从头开始。规划文件所述的要求是把握三农：农业、农村、农民。显然，我们对乡村是不了解的，就要不耻下问。当时正是三伏天，40 ℃高温，村民在屋子里什么都不做也是酷暑难当，设计师全副武装，防晒防蚊，在户外搞测绘，几位来这里实习的清华大学研究生也都齐上阵。这让村民看到了我们的努力和诚意。

调研时，我们采用多种方法。我们对古建筑颇有研究，不必测量所有节点，只挑重要的开间和进深、六位变化即可，除此之外，其他数据都是一样的。当时，我们在 3 天之内，采用拍照的方式，对乡村中所有可以看到的建筑进行测绘，并且借助于电子模型，将结果模拟出来。这是我们的一大经验，现场调研是规划设计的基础，获得最详尽的现场资料，确保规划设计不走弯路。我们编制了《丁李湾古村落保护设计信息采集工程调研表》，成为很多设计团队的学习示范表。

您如何理解把农村建设成"农村应有的样子"？这个"样子"在您的心目中是什么样的呢？

宋微建：丁李湾古村落历史久远，现在留在村里的都是老人和孩子。村里有个污水塘，改造前都发臭了，成了污染中心，村民家里使用茅厕，卫生设施较差。年轻人外出务工，整个村庄无人打理，呈现一片颓败之势。最初的设计目标很简单：并非把房子建成什么样，而是通过我们的智慧来帮助村民，激活乡村经济，适度开发乡村旅游、农副产品和手工业。

这些在乡建改造过程中都做到了。当时，规划方案要求所有团队按照既定要求在 2013 年 10 月 1 日前完成，我们大概提前了半个多月，因为没有把握，希望和政府沟通，看看这个思路对不对，后来政府将初稿方案直接申报，河南省把丁李湾村定为"民俗民居村"和"河南省历史文化名村"，拨款资助。在执行过程中，我们更注重生态治理和环境治理，因为这些是村民做不到的，村民只关心一家一户。我们进行了污水处理，建水塔，解决生活用水等工作。

看到丁李湾村的第一眼，觉得这个地方并没有经过改建、改造。当初确定这个方案，是出于什么样的考虑？地方政府和村民是否接受呢？

宋微建：关键是用乡村的方式解决乡村的问题。举几个例子吧。

当时，村中间池塘的污泥据说有 1 米深，近百年没有清理，政府考虑游客的安全问题，提出池塘是否需要加建护栏。我认为，村庄要保留原有的样子，不能任意加栏杆。传统园林有的设有暗栏，即在水底做阶梯，石头大概有四五十厘米高，即使人掉下去，也不会有安全问题，可以说是有惊无险。暗栏的效果显著，我们既要花工夫，又要和政府进行解释。

再比如，城市里有先进的共同沟，水、电、煤、通信等设施设备布置在一起。古建里的石板路，1 米左右的石板，石板路是空的，共同沟早在明代就有了，现在完全可以用这种方式。可惜的是，丁李湾村的地面石材是不规则的山石，老乡们说这些石材有几百年的历史。在建设过程中，我们把原有的路石挖出来，开挖之前用油漆在混乱的石材上面有序编号。村民不理解，说乱石应该乱拼。其实，这不是乱拼石，而是拼乱石。最终，我们原汁原味地恢复了这些"乱石"。

村民用的水洗板保留着时代的痕迹，很多家具有几百年的历史，这些完全不必改动，因为乡村本身已经很美。在项目完成时，河南省评审机构在评选传统景观村落时，有个评委说："这个村改造过，但看起来像没有改造过一样。"这是对规划设计的最高评价。

乡建项目不同于一般的建设项目，有很多超出常规情况下"规划、设计"本职的工作。从设计师的角度，想要做好乡建项目，最重要的是什么？您有什么经验和教训和设计师们分享吗？

宋微建：有一点需要注意，不能认为"挂牌的是文物，不挂牌的就不是文物"。这有点像 "读过书的人有文化，没读过书的人没有文化"。其实，这种说法是错误的，读过书的人有学历，没读过书的人不代表没文化。我想强调一点，乡村建设中，必须尊重乡村原来的风貌，设计师们不要自己认为乡村是什么样，就改成什么样。传统古村落多有几百年的历史，我们要做的是把它保留、传承下来，千万不要今天改造一点，过几年再改造一点，慢慢修饰，再过几十年村庄就完全变了样。进行建筑设计时，应当把村庄当成文物，遵守《文物保护法》以及相关的古村落保护规范。

乡建项目有两点很重要：修旧如旧和新旧有别。丁李湾村修缮之后不像其他村落。现在来看，丁李湾村几百年的历史风貌依然还在，有些墙面和地面，未做任何改动。后来做其他乡建项目时，有的村庄经济条件有限，我们建议不要做任何改建，特别反对做"假古董"。

丁李湾村以及其他很多老村子面临"空心化"的问题，越是老村子，基础设施越差。村民渴望过上现代化的生活，那么，在保留和保护方面，您怎么考虑？是应该让古村落慢慢地自然变化，还是跟上现代社会的发展步伐？如何平衡和认识这组矛盾，即政府要政绩，农民要生活舒适？

宋微建：对于专业设计师来说，这是一个不难选择的问题。村民都知道，"打死不食种子"。如果一旦吃了种子，来年的收成就没有了，后果不是"死一家"，而是"死一片"。丁李湾村已被定为"河南省历史文化名村"，目前被纳入国家保护范围的村庄有 2500 个，而中国差不多有 250 多万个自然村。故宫里的东西价值连城，为什么不拿去用、不拿去卖呢？因为那是我们的根。冯骥才说过"传统村落本身就是最大的文化遗产，价值不比长城小"。应当让老百姓得到相应的待遇，满足其各种需求，守住乡村，必要时应增加政府补贴。或许有一天可以像博物馆一样，每年有政府拨款。

在项目推动过程中，关于规划设计方案，村民是否有不同的意见？怎么解决这些问题？

宋微建：古村落保护，第一轮时每个村庄得到 300 万的资助，用于古村落提升改造。这涉及"可逆性改造"的概念，例如原来的泥巴地，老百姓装修时想贴上瓷砖，等到条件好了，想恢复成文物，把地板敲掉，窗户封掉，恢复原状，这就是"可逆性改造"。丁李湾村有家民宿，改造之前村民不同意改造，因为不想把厕所放在室内，村里没有这个习惯，僵持半年，现在村民想通了，同意改造了。

您和您的团队在丁李湾村项目完成之后还有其他乡建项目吗？

宋微建：有很多。浙江松阳县是长江三角洲地区拥有传统村落最多的县，"上海农道"在松阳县做了两个项目，一个已开始施工，另一个还处在方案设计阶段，尚未实施。

松阳县的这两个项目，"上海农道"是否与"绿十字"合作？"上海农道"和"绿十字"是一种怎样的关系？

宋微建："上海农道"和"绿十字"建立了战略合作关系，超越商业合作，因为我们的理念是相通的。"绿十字"是公益性质的，"上海农道"在农道团队中是捐款最多的单位之一。

您原来从事室内设计、商业设计，现在从事室内设计和乡建设计的比例是怎么分配的？

宋微建：乡建设计也包含商业设计、室内设计，目前乡建项目做起来更加顺手，因为对传统文化研究得比较多，打下了坚实的基础。因此，如果说这几年整个团队在乡建领域有所作为的话，正是基于我们对传统文化的认识和尊重。

您作为前辈，对年轻设计师以及想加入乡建领域的设计师，有什么建议？

宋微建：做乡建项目，最重要的并非从技术着手，而是从理念入手。要了解乡村的历史以及农村对中国乃至世界的意义。当前，乡建设计师的领头军多属于建筑（大建筑）和规划领域，但乡建不是建筑，"三农"包括农村、农民、农业，农村最多占三分之一。年轻人比较看重眼前的利益，如果不深入研究历史，很容易犯错。为什么有"空心村"？因为"空心村"是历史的产物，如果让打工的村民全部回乡，那么中国的经济可能会垮掉。

另外，关于现代农业和传统农耕。现代农业生产出来的作物数量大，但这和消费者没关系，消费者只要满足温饱就可以，但从农作物的品质来说，现代农业远不及传统农耕，这是事实。马车和汽车哪个快？当然是汽车，这点毋庸置疑。然而，由于汽车的尾气排放，空气中的成分有所改变，影响了土壤肥力，现代生产方式的弊端已经显现。例如，很多农作物的生长靠农药、化肥，土壤肥力不够，庄稼也糟糕。我们应当透过现象看本质，年轻设计师不必急于抓设计，要适当放慢速度，花些时间研究一下，对乡村有了全新的认识，再考虑怎么做。很多教育机构、政府部门、设计团队认为中国传统文化是过去的文化，但传统建筑和现代文明是有联系的。

因此，年轻设计师应当多思考，主动探究，不只是听老师讲，而要学会独立思考。

丁李湾村项目从 2013 年开始，完工之后一般要跟踪一两年。实际完成的部分占之前设计的比例是多少？规划有多少？后续有多少？

宋微建：我们从事的项目就像自己养大的孩子，我们始终关注项目的成长。我们并不认为两年服务周期结束后项目就结束了，而是非常希望在丁李湾村的后续发展中若是遇到问题，我们也一起想办法解决。

我们为当地政府提供完整的村庄保护方案，设施、街道是最基础的部分，生态保护很彻底，生活条件、经济等也有所改善。更重要的是，我们树立了正确的理念，打下了坚实的基础，开了个好头。我们希望原汁原味地把村落传统传承下去，这是丁李湾村政府和我们共同的任务。设计可以少做，可以不做，但一定不能破坏。

另外，丁李湾村项目有两处小小的遗憾：

一是外出打工回村的人看到原来房屋的样式，认为不好，于是自行加高加建。说得轻一点，这是对古村落的破坏；说得严重一些，这是不懂得如何尊重历史。

二是在施工时，我们觉得尽管村里比较富裕，但村民不张扬，施工的差异仅体现在门楼等细节处。结果，有个辅房（厢房）聘请了丁李湾村周边的老匠人，手艺非常好，以至于改变了当地风貌，偏房做过头了，偏房不是正厅，风格也不是本地的。我们提倡不留痕迹地修复古建筑，隐藏得越深，说明水平越高。

总体来说，丁李湾村项目的成功之处在于政府、设计团队、村民想法一致，那就是把古村落做好、让村民致富，而不是把它当成政府的政绩工程，也不是让设计师在大众面前一番作秀。这样看来，丁李湾村项目具有很强的示范意义。

6.3 媒体报道

乡村重建让鸟回来、让年轻人回来

时间：2014 年 9 月 16 日
来源：搜狐焦点网

搜狐焦点网：是什么契机让您开始参与新农村的建设、村落规划与保护项目？

宋微建：第一次接触村落重建是在汶川地震之后，汶川八级地震给什邡市带来极其严重的损失，洛水镇的渔江村也遭到巨大破坏，房屋几乎全部倒塌，政府拨出一块区域重建村落，我们帮助它实施建筑规划。

搜狐焦点网：在您看来，新型农村社区的定义是什么？

宋微建：有专家这样说，中国未来只需要 1 亿农民，也就是说，大约有 5 亿农民需要逐步改变农民的身份。新农村建设的核心问题是转移农村富余劳动力。一些专家为这一趋势下了定义，认为新农村建设就是农民进城。这个设想在我看来过于"粗糙"。

有人说改变 5 亿农民身份是一个世界级的事件，是一个长远的目标，短期内不可能实现。但我认为，这势必成为一种趋势，我跟公益性组织"绿十字"一起从局部着手，从一个村落着手，新农村建设实际上是围绕"转移农村富余劳动力"这个核心问题进行规划。

所谓新农村建设，我觉得用一个恰当的名称，应该叫"乡村重建"。曾经美好，现在衰败了，所以要重建。几千年的中华文明始于农村，过去对自然环境、生态环境有独到的治理方式，没有理由不适合现代生活。的确，通过化肥、嫁接、转基因等方式，提高了生产力，但食品却出现危机，且不谈有毒无毒的问题，而是它最根本的营养成分、基因已经发生质变。尤其大量农村经过简单、粗糙的旅游开发进入市场化运营，对环境的破坏之大是超乎想象的。因此，我们做乡村重建时，首先便是解决生态问题。

搜狐焦点网：乡村重建遇到最大的挑战是什么？

宋微建：大部分人对新农村建设无动于衷，到了农村，才会觉得城市的繁荣离不开农村，农村是根本。冯骥才说过"传统村落本身就是最大的文化遗产，价值不比长城小"。农村多位于自然景观非常好的地区，不能忽略农村有而城市没有的资源，比如，农产品、自然山水、传统农耕等文化，这些是新农村建设的突破点。"绿十字"在全国做了很多典型的示范项目，获得了巨大的成功。成功的秘诀是什么呢？这些项目不是把村民迁出去，把房子利用起来，开发旅游产业，这种手法过于简单、粗暴。

实际上，全国农村的自然环境在恶化，种植农副产品的土壤因为化肥、农药的过多干预而失去养分，大部分农民进城打工，农村、农田逐步荒废。"绿十字"提出的理念是"让鸟儿回来，让年轻人回来"。口号通俗易懂，鸟儿不回来的原因是大量农药侵袭，年轻人不回来是因为没有找到合适的生存方式。

搜狐焦点网：最近在进行什么农村改造项目？

宋微建：去年实施河南信阳新县项目规划，提出"英雄梦"的口号，因为这里出过近百位将军，这是让新县人民非常自豪的一段历史。我们到了新县以后，发现新县保存着比较完好的古村落，有的甚至始建于明代，那么"英雄梦"这个口号不足以涵盖新县的资源，所以提出要进行古村落保护。在看到保存完好的建筑形式的同时，我们发现生态环境在逐步恶化，饮水、污水、垃圾方面出现了问题。那么，古村落保护不仅仅是保护建筑，环境治理任务更加迫切。由此，我们提出先解决生态、水源和污水排放等问题。针对水源问题，搭建一些堰塘，进行雨水采集，天然的水资源先做处理，可以正常使用。下水问题更复杂，重建之前，浴室几乎没有现代化设施，想让年轻人回来，势必要解决这一问题。然而，卫生设施齐全之后，污水排放也会加大，这需要专业团队来研究污水处理。实际上，卫生间的异味由水造成，我们采用自然的方式，使粪便和水质分隔开来。

我们的一些改造既没有加入高科技，也没有高深的理念，需要的是责任和爱心。就像"绿十字"的创始人孙君，原来是一位画家，由于经常深入农村，创作农民题材，对农村有特别的情感，面对农村现状以及对城市的影响，开始从事村建工作。在我看来，好的设计不必炒作，而是需要设计师避开包袱和光环，投入大量时间，多加关注。

搜狐焦点网：目前已完成多少个新农村改造项目？新农村的改造是否成熟？

宋微建："绿十字"陆续完成湖北省远安县、浙江省丽水市松阳县、河南省信阳市新县这三个项目。目前，乡村重建并没有成熟的模式，规划设计、实施皆如此。然而，一些大农业和现代农业，对农村造成的破坏已形成一种"恶性循环"，在国外也如此。因此，还需对乡村重建进行重新认识和探索。

搜狐焦点网：乡村重建过程中最希望保留什么文化？

宋微建：未来，乡村重建过程中，把一部分农耕文明的技艺保留下来，这将是一笔非常巨大的财富，不仅是很好的资源，也是文明的延续，最后受益的是生活在城市里的人。城市人口密度大，农村人口密度小，农村人少地多，城市生活比较紧张，农村反而比较悠闲。如果村落重建做得好，城市人可以到乡村度假甚至生活，这可能是未来的一个发展趋势。

附　录

设计团队简介

上海农道乡村规划设计有限公司是由知名设计师宋微建领导的中国知名城乡规划设计机构。

"上海农道"以文化为先导，整合产业、规划、建筑、室内、品牌、运营等领域的专家和设计师，组成多元化的团队，为城市与乡村提供系统的规划设计与落地方案，实现人与自然、城市与乡村的融合发展。

从城市到乡村，从新建筑到老建筑改造，从商业空间到民宅，从乡土民宿到精品酒店，从老街到博物馆，"上海农道"坚持设计的文化性和原创性，通过设计，创造价值。

任务：帮助客户制定目标，帮助客户实现目标。

项目无论大小，同等对待，穷尽一切手段，挖掘项目本身的特点和差异性，实现设计目标。

坚持道法自然，崇尚"天人合一"的宇宙观，在设计中对中国传统文化进行深入的探索与发展，践行空间设计的核心理念——传承东方文化的精髓，营造适合当代人生活且具有东方人文关怀的空间。

设计师简介

宋微建

中国建筑学会室内设计分会副理事长

中国城镇化促进会理事

上海农道乡村规划设计有限公司董事长、设计总监

上海微建（VJian）建筑空间设计有限公司董事长、首席设计师

两届获选中国室内设计十大影响力人物

2004 年获中国建筑学会室内设计分会颁发的全国有成就资深室内建筑师

中国十佳酒店设计师

代表作品

首都博物馆（新馆）老北京民俗馆

中国历史文化名街苏州山塘街改造工程

无锡灵山古竹老街改造工程

中国历史文化名镇上海新场古镇民宿设计营造工程

河南信阳新县丁李湾古村落

中国历史文化名村浙江龙泉下樟村

浙江丽水松阳县大木山游客中心

上海桂林公馆（国宾馆）

湖北钟祥马厩酒店

河南济源"那些年·小镇"老兵工酒店

"绿十字"简介

"绿十字"作为一家民间非营利组织,成立于2003年。十多年来,"绿十字"秉承"把农村建设得更像农村""财力有限,民力无限""乡村,未来中国人的奢侈品"的理念,开展了多种模式的新农村建设。

项目案例:

湖北省谷城县五山镇堰河村生态文明村建设"五山模式"

湖北省枝江市问安镇"五谷源缘绿色问安"乡镇建设项目

湖北省广水市武胜关镇桃源村"世外桃源计划——乡村文化复兴"项目

湖北省十堰市郧阳区樱桃沟村"樱桃沟村旅游发展"项目

河南省信阳市平桥区深化农村改革发展综合试验区郝堂村"郝堂茶人家"项目(郝堂村入选住建部第一批"美丽宜居村庄"第一名)

河南省信阳市新县"英雄梦·新县梦"规划设计公益行项目

四川省"5·12"汶川大地震灾后重建项目

湖南省怀化市会同县高椅乡高椅古村"高椅村的故事"项目(高椅村入选住建部第三批"美丽宜居村庄")

湖南省汝城县土桥镇金山村"金山莲颐"项目

河北省阜平县"阜平富民,有续扶贫"项目

河北省邯郸县河沙镇镇小堤村"美丽小堤·风情古枣"全面软件项目(小堤村项目被评为"2016年中国十大最美乡村"第一名)

"绿十字"在多年的乡村实践过程中,非常重视软件建设,包括乡村环境营造(资源分类、处理技术引进、精神环境净化),基层组织建设(党建、村建、家建),绿色生态修复工程(土壤改良、有机农业、水质净化、污水处理),村民能力提升(好农妇培训、女红培训、电商培训、家庭和谐培训),扶贫产业发展(养老互助、产业合作、教育基金,扶贫项目引入),传统文化回归(姓氏、宗祠、民俗、村谱),乡村品牌推广(文创、度假管理),美丽乡村宣传(通信、微信、网站、书刊、论坛、大赛、官媒)等。从2017年起,"绿十字"乡村建设开始运营前置与金融导入,进入全面的"软件运营"时代。

致 谢

古村落是中华文明的"活文物"，离开了它，乡愁和记忆便没有了载体。丁李湾村历经数百年的沧桑保存依旧完好，是国人的幸运。延续这份幸运，是我们的责任，也是我们的光荣。

2013 年在"绿十字"孙君老师的倡导下，我们开始实施丁李湾古村落保护发展公益工程。项目整体建设历时两年多，在此期间得到了各方人士的支持和帮助，最终顺利完成。目前，投资运营公司已正式入驻，古村落开始了新的成长。

感谢新县"英雄梦·新县梦"规划设计公益行组委会以及乡镇政府的协调配合，感谢在建设过程中记录下这些特殊时刻的朋友。

最后，特别感谢参与丁李湾村庄建设的乡亲们，是你们怀着深厚的情感，对老屋、老村不离不弃，坚守、呵护，为古村保护与建设尽心尽力。因为你们，丁李湾村得以重生并传承下去。

宋微建

图书在版编目（CIP）数据

把农村建设得更像农村. 丁李湾村 / 宋微建著. ——
南京：江苏凤凰科学技术出版社，2019.2
　（中国乡村建设系列丛书）
ISBN 978-7-5713-0086-9

　Ⅰ. ①把… Ⅱ. ①宋… Ⅲ. ①农业建筑－建筑设计－
新县 Ⅳ. ①TU26

中国版本图书馆CIP数据核字(2019)第016776号

把农村建设得更像农村　丁李湾村

著　　　者	宋微建	
项 目 策 划	凤凰空间／周明艳	
责 任 编 辑	刘屹立　赵　研	
特 约 编 辑	王雨晨	

出 版 发 行	江苏凤凰科学技术出版社
出版社地址	南京市湖南路1号A楼，邮编：210009
出版社网址	http://www.pspress.cn
总 经 销	天津凤凰空间文化传媒有限公司
总经销网址	http://www.ifengspace.cn
印 　　 刷	北京市雅迪彩色印刷有限公司

开　　　本	710 mm×1 000 mm　1／16
印　　　张	7.5
版　　　次	2019年2月第1版
印　　　次	2023年3月第2次印刷

标 准 书 号	ISBN 978-7-5713-0086-9
定　　　价	58.00元

图书如有印装质量问题，可随时向销售部调换（电话：022-87893668）。